科學天地 71

World of Science

觀念生物學(3)

循環・網絡・複雜

Intimate Strangers: Unseen Life on Earth

by Cynthia Needham, Mahlon Hoagland,
Kenneth McPherson, Bert Dodson

尼達姆、霍格蘭、麥克佛森、竇德生／著
李千毅／譯

作者簡介

尼達姆（Cynthia Needham）

波士頓大學暨塔夫茨大學微生物學副教授，美國微生物學會會士、ICAN製片公司的科學節目監製，同時也是微生物學素養促進會（Microbial Literacy Collaborative’s Executive Board）會長，領導各式各樣的科學教育方案，這套《觀念生物學3、4》正是結晶之一。

霍格蘭（Mahlon Hoagland）

傑出的分子生物學家，美國國家科學院院士。霍格蘭的重要學術成就為：發現胺基酸活化酵素，以及與同僚共同發現轉移RNA（tRNA），揭露了如何把DNA攜帶的訊息轉譯為蛋白質的機制。

退休後，專注於科學寫作與教育。與竇德生聯手創作了本書的姊妹作《觀念生物學1、2》（天下文化出版），詠嘆生命世界的驚奇。

霍格蘭
麥克佛森
寶德生
尼達姆

作者簡介

麥克佛森（Kenneth A. McPherson）

科學作家、ICAN製片公司的科技節目監製，專精科學與資訊科技，也常擔任這方面的顧問。與人合著了多本機械及應用微生物學方面的書。

竇德生（Bert Dodson）

才華洋溢的畫家，曾為70多本書繪製插畫。竇德生也在學校開課教授素描與插畫，並著書教人如何畫素描。與霍格蘭聯手創作了本書的姊妹作《觀念生物學1、2》(天下文化出版)。

譯者簡介

李千毅

密西根大學生物碩士，曾任天下文化資深編輯。現為文字工作者，譯有《觀念生物學1、2》(天下文化出版)。

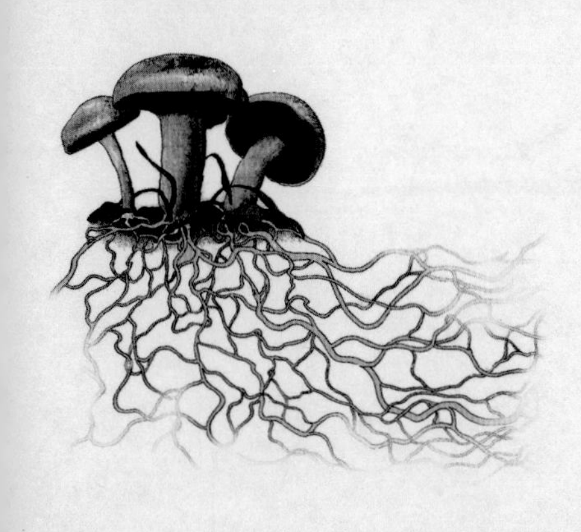

觀念生物學（3）

—— 循環・網絡・複雜

目錄

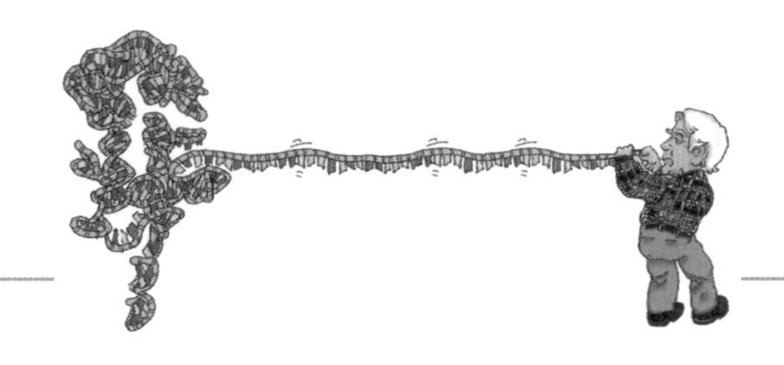

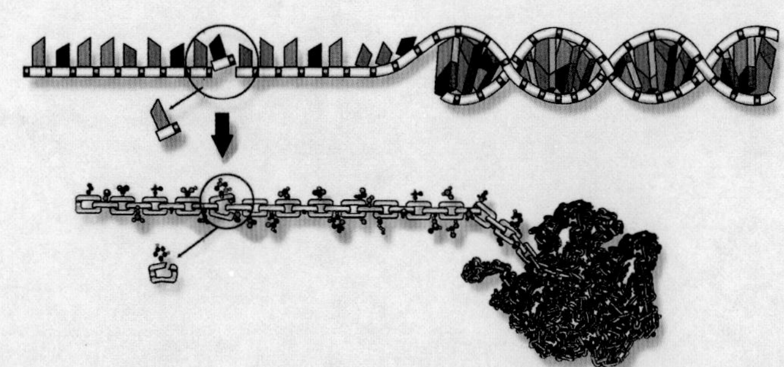

第二篇
生命的大樹 86

觀念生物學（4）

—— 共生・平衡・互利

目錄

第三篇　危險的朋友，友善的敵人

第四篇　未來的創造者

地球生物能維持現今這種平衡狀態，

要歸功於那些形體微小的居民——微生物。

它們讓物質在生物圈中循環，提供所有生物各種資源。

從雨林到海洋、到海溝，

微生物是把所有生命連結成複雜網絡所必需的「黏膠」。

前言一

走一趟小小小世界

走入鏡中世界

想像你變成愛麗絲，走進奇妙的鏡中世界，你忽然瞬間縮小，變得很小很小，只有原來的二十萬分之一。你發現周遭的世界完全變了樣，簡直像來到另一個星球，裡頭充滿各種稀奇古怪的居民。

數十公分長、淡紫色的圍巾從你身邊穿過，蜿蜒起伏的朝著未知目的地前進。枕頭般大的綠紫色小飛船在水中打轉，慢慢向你靠近，忽然又發動推進器，「咻！」一下就不見蹤影。閃閃發亮的小東西在地上匍匐前進，變形的身軀像要用透明的液狀物包住周圍的一切。它停下來，盯著你跟你道日安，又繼續前進，沒留下半點痕跡。

附近有一圈金黃色的豆袋椅，上下跳動著，一會兒彼此靠得很近，一會兒又分開來，像在操場遊玩的小孩子。就在你欣賞它們跳芭蕾舞之際，它們倏地聚攏成一根巨大的長柄，頂端竟冒出像豆莢的東西。在對街，你看見一堆殘骸，那肯定是經歷一場傳染病浩劫後的產物。留下的空殼子漫無目的搖擺，它們的靜默與死寂提醒你這個世界中也有生有死，就和你原來居住的世界一樣。

這個小小世界的居民正是所謂的微生物，包括細菌、眞菌、病毒、原生動物和藻類。大多數人把這類生物視爲骯髒的病菌，其實這群「親密的陌生人」不是這麼簡單的東西，沒有它們，地球上的生態系是無法正常運作的。

在這肉眼看不見的世界裡，蘊藏著數量龐大的微小生物，它們的總數超過整個宇宙的星球數目，質量加總起來則高居地球生物之冠。儘管單槍匹馬的行動似乎沒什麼影響力，群體的力量集合起來時可就非同小可，它們改變了地球的樣貌，創造出充滿氧氣的大氣，這是人類和許多動物生存所必需的條件。現今，這群小東西繼續推動重要的化學循環反應，來維繫地球的生命運轉，它們的存在與活動影響著所有生物的未來。

這群隱形世界的居民早在人類出現前就已生活在地球上。其實，它們最古早的親戚正是地球上最初的生命形式。我們追蹤它們的演化史，可以上溯到35億年前或更早，當時的地球與現今的狀況相差甚遠。我們可以從它們的基因中閱讀它們的歷史，而我們（以及其他生物）的歷史則已寫在它們的基因中。當今生物的多樣性都是從這些單細胞的老祖宗那邊一點一滴演化而來的。

不過這些隱形的小傢伙也不全是善類。儘管我們與大多數微生物相安無事，但是有些種類的細菌（或眞菌）就是會和我們或其他動植物作對，造成各種疾病。有一些微生物則是人類熟悉的敵人，我們已懂得因應之道。還有少數是致命的陌生人，可以快速顚覆我們，除非我們可以即刻發動強力的防禦措施。

親密的陌生人

儘管微生物在地球上生存了將近40億年，但我們發現它們的存在則是近代的事情。一直到放大鏡發明之後，我們才得以一窺微生物世界的形形色色、五花八門，就像愛麗絲走進奇妙的鏡中世界一般。

17世紀中期，荷蘭博物學家雷文霍克（Antoni van Leeuwenhoek, 1632-1723）從自製的顯微鏡中觀察到這些小東西，令他感到驚奇又有趣。隨著顯微鏡功能的改進，有更多人可以看到這些微生物的樣貌，大家都為之著迷不已。

不過一直到19世紀末期，人類才漸漸明瞭微生物不純粹是新奇好玩的東西。人們開始發現這些小東西的神奇力量，以及它們在地球生物圈中所扮演的角色。

法國細菌學家巴斯德（Louis Pasteur, 1822-1895）曾做實驗證明細菌是導致食物腐敗的因子，於是「生命是從腐爛物質中自動生成」的觀念從此打入冷宮。德國細菌學家柯霍（Robert Koch, 1843-1910）和其他科學家證明了某些微生物會導致疾病。這些前輩的發現為現今的滅菌消毒、公共衛生、疫苗注射等防疫措施開啓了大門，幫助我們杜絕微生物的禍害。到了1950年代，科學家已發現抗生素（antibiotic），這是由眞菌產生的物質，可以治療前人無能為力的不治之症。

20世紀下半葉以來，人類探勘微生物世界所得的知識，正以驚人的速度成長中。研究微生物的科學家了解到DNA是遺傳物質、發現了生命的基本反應（例如生殖的過程與能量的轉移）如何進行、並探究出這些地球生命的始祖在演化上的重要性。現在科學家爭相挖掘更多這群小東西的祕密，去了解它們龐大且彼此相關的社群，以免人類的無知糟蹋了它們生存的環境，導致它們再度改變地球的面貌。到時人類也將把自己逼到山窮水盡的絕境，畢竟微生物是人類及其他動植物生存不可或缺的一環。

許多人相信，人類的未來端賴我們對這個隱形世界的了解與它的運作狀況而定。隨著人類對微生物的知識愈來愈豐富，我們漸漸進入與微生物合夥的新關係，利用它們的技能來解決一些人類的難題，例如治療與預防疾病、餵養愈來愈龐大的人口、清理汙染的環境。

這是一個充滿「親密陌生人」的世界，歡迎你帶著一份熱誠與好奇來參觀，別忘了盡你所能去了解這群地球上最古早也最成功的居民。

前言二

微生物世界的居民

微生物世界的成員包括所有能進行代謝、生殖、適應等基本功能的單細胞生物，例如細菌、古細菌、藻類、眞菌、原生動物等等。當然這個世界還包括一群奇怪的傢伙，它們僅含有核酸分子與蛋白質外套，而且一定要靠其他細胞的幫忙，才能存活與繁衍，這群沒有出息的傢伙就是病毒。

微生物世界是一個有條理、有規律的世界，但也是個充滿矛盾的世界。雖然微生物小到我們肉眼看不見，卻是地球上體積最龐大的生物之一，有一種長在地下的威斯康辛香菇，就是由許多微生物聚集起來的巨大生物體。取一茶匙的海水，裡面可能含有好幾百萬個微生物，可見微生物是多麼小的東西，但它們全部加起來，卻占了地球生物總質量的一半以上。也許單一個微生物對它所屬的群集沒有什麼影響，但眾多微生物集合起來，卻足以改變地球的面貌。

在《觀念生物學3、4》中，我們將看到特殊的微生物展現它們不凡的身手，我們也會用一些擬人化的敘述來反映它們在生命舞台上扮演的重要角色。除非有人重畫生命的大樹，不然目前爲止，科學家已利用生物的共通特徵，將微生物世界劃分成三大群。

原核生物——細菌和古細菌

細菌和古細菌可說是世上最小且能獨立生存的細胞，它們平均比人體細胞小50倍，但又比病毒大70倍。

這群微生物的共同特徵是缺乏細胞核，它們的基因組是由一條雙股DNA頭尾相接而成的環狀結構，上面大約有500萬個核苷酸。這個環狀DNA在細胞質中隨意扭曲纏繞。想知道一種生物有多複雜，可以檢查它的基因總數，基因數量愈多，表示生物需要的蛋白質種類愈多，生物本身也就愈複雜。原核生物的500萬個核苷酸，相當於有5,000個左右的基因，而我們人類有大約50,000個基因。

細菌細胞外圍也有一層和我們細胞類似的細胞膜，細胞膜外還有一層由醣類和蛋白質構成的堅硬細胞壁。許多細菌和古細菌都具有鞭子般的延伸物（叫做鞭毛），可以像馬達那樣驅動，方便它們在有水的環境中到處遊走。它們還會形成一些小管子（叫做線毛），可以與其他細菌連接，或附著在別的表面上（例如人體上皮細胞的表面）。

細菌可以利用線毛來傳輸DNA（即水平基因轉移），這是單細胞版本的有性生殖。不過，細菌和古細菌一般是靠細胞分裂來繁殖

（屬於無性生殖）。在有利的情況下，它們每12到20分鐘可以分裂一次。

細菌大多住在我們熟知的地方，像是土壤中、水中、食物中、動物表皮及消化道中。有些細菌含有鮮豔的色素，使它們能利用陽光做爲能量的來源。有些細菌則演化出特殊能力，可以充分利用各種你想像得到的能量來源，包括岩石！有些細菌和人類一樣需要氧氣，但很多細菌可以在無氧的環境中優游自在，有些則把氧氣視爲有毒的化學物，避之唯恐不及。

古細菌和細菌不同，它們大多居住在我們認爲很惡劣的環境中，像是高溫、高鹽、強酸或強鹼的極端環境，大多數生物可不敢輕易踏上這些地方。古細菌躲避氧氣，有些還能從事特殊的活動，例如製造甲烷（天然氣）。

細菌和古細菌可說是地球上最成功的生命形式，因爲它們幾十億年前就出現了，而且能生存在地球的任何角落。

真核微生物——藻類、真菌、原生動物

眞核微生物是指那些具有細胞核的微生物。這類微生物細胞比較大，結構與功能也比較複雜多變。它們的DNA纏繞在蛋白質上，形成染色體（chromosome），儲存在核膜包圍起來的細胞核中。眞核細胞的DNA所含基因數目大約是原核細胞的10倍。新的證據顯示，眞核微生物在演化過程中也出現得很早，它們的祖先很有可能是所有動植物的始祖。

眞核微生物大多以單細胞形式存在，不過有些會聚集成群，有些則形成眞正的多細胞生物。好比說海帶，就是由海藻構成的永久性群落，香菇則是由幾種分化過的眞菌細胞聚集而成。海藻和眞菌

的細胞外圍也有一層類似細菌細胞壁的東西包圍著。

其他像是變形蟲和草履蟲之類的原生動物，則比較類似動物，它們不具有堅硬的細胞壁，且能夠以各種方式到處移動，捕捉食物。海洋中也存在大量的眞核微生物，統稱爲浮游生物，它們是食物鏈中極爲重要的一環。

寄生細胞的微生物——病毒

病毒不具細胞構造，它們只是利用蛋白質外殼把DNA（或RNA）包裹起來的小東西，僅具有少數幾個基因。病毒比動物細胞還小2,000倍左右。有時候，它們會從遭感染的細胞帶走部分細胞膜，圍

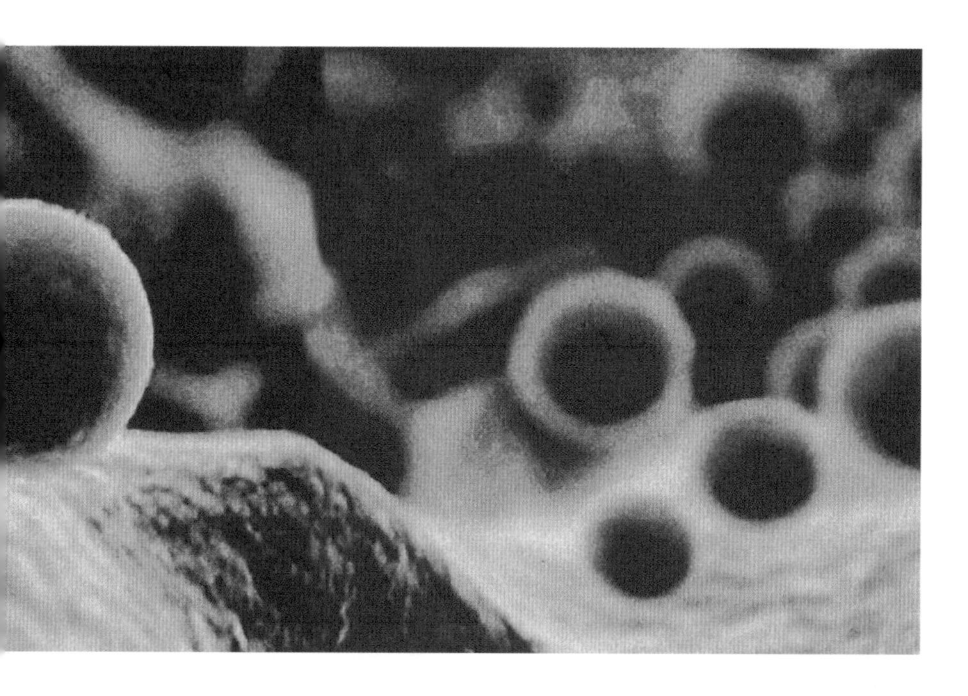

在自個兒外頭。病毒幾乎能入侵各種細胞，包括細菌、眞菌、原生動物、植物、動物。在漫長的演化過程中，病毒可能很晚才出現，甚至可能來自活細胞。

病毒可以在細胞外休眠很長一段時間，而且只能在活的細胞中繁殖，它們操控寄主細胞的複製系統，使細胞只爲它們效勞。病毒在寄主細胞內大量複製後，便破壞細胞而釋出，造成寄主生病。有些病毒雖然同樣是進出寄主細胞，卻能讓細胞毫髮未損。有時它們會把一些基因留在細胞內。病毒也會把寄主的某個基因併入自己的基因組中，再把這個基因存放到另一個被它感染的細胞中。事實上，從人類1%的DNA中含有病毒的DNA片段，就可以看出過去病毒與人類細胞之間的關係。

循環

第一篇
生物圈的守護者

在這個我們稱為地球的家園中，有美麗的海洋與深谷，
有高聳的山脈與天空，還有蓬勃的生機與豐富的生命，
這些事物讓我們虔誠的接受自然的教導，
請它為我們指引方向。

——契努克印第安族的祝禱詞

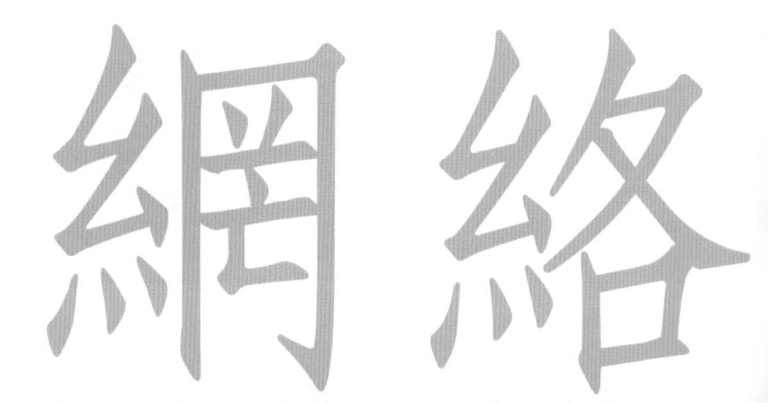

生物圈二號

富勒（Richard Buckminster Fuller, 1895-1983），美國知名建築師，代表作品爲由三角形構成的圓頂建築。

在美國土桑市北方的亞利桑納沙漠，有一座巨大的玻璃建築矗立在山谷中，遠遠望去若隱若現。在大白天，這棟突兀的建築可以充分吸收陽光。建築表面的玻璃牆排列成富勒式的幾何結構，讓人聯想到埃及的金字塔。裡面的空間寬敞明亮，但四下悄然，詭譎怪異，徒增幾分鬼魅的氣息。這裡一度是許多動植物的家，現在卻變成蟑螂、螞蟻到處亂竄的地方，許多植物都已死亡。

創造這個建築物的，是一群科學界和商業界人士，美國德州的億萬富翁巴斯（Edward Bass）是主要的金主。他們把這項計畫視爲人類殖民火星前的第一步預備動作。這是一個自給自足的迷你世界，靠著穿透玻璃而入的太陽能以及經由電力輸送網傳入的能源來加熱、冷卻及運轉750個感應器。裡面的設計包括熱帶雨林、海洋、平原、大草原、沼澤、沙漠等各種生態系。這棟建築命名爲「生物圈二號」，好與地球這個「生物圈一號」做區別，也反映兩者間的關連。

1991年，這個有如溫室的建築物完工了。八名志願者住進去，準備在裡面體驗兩年自給自足的生活。但事與願違，不妙的事情接踵而至。

大事不妙

由於沙漠周圍的山脈遮蔽了太陽，使生長在生物圈二號內的植物得不到充分的陽光。加上該建築物使用的是雙層玻璃，進一步阻擋了陽光的穿透，包括合成某些維生素及減少植物寄生蟲所需的紫外線。

別看這建築物的外表很唬人，其實它很會沾惹塵沙、攔截水分，助長細菌和藻類聚積在建築物表面，因此減少了可穿透到室內的太陽能。設計者當初選用的土壤有利微生物大量生長，導致室內的二氧化碳與一氧化二氮的濃度高過正常值。未封閉的水泥牆則可吸收游離的氧分子。

就在志願者住進去的幾個月後，氧氣的濃度驟降，二氧化碳與一氧化二氮的濃度卻升高到有害的程度。該計畫的負責人不得不趕緊把氧氣打進去、把過多的二氧化碳移除，以保護裡面的生物和幾位志願者。由於農作物的產量很低，居民不得不偷渡食物進去。這些動作都違反了自營獨居生活的原則。

生物圈一號上我們賴以維生的重要化學循環的平衡，似乎無法在生物圈二號重演。這項計畫失敗了，部分原因在於生物圈二號的創造者，並不了解在建構一個密閉的人造生態系時，要注意裡頭的每樣東西都必須能循環使用，且維持在平衡的狀態。這其中所牽涉的事物非常複雜。

不過失敗的計畫不盡然都是賠錢貨，有些人從中看出一線生機。現在，這個生物圈二號由哥倫比亞大學的科學家接管、進駐，他們要研究當初裡面的生物是如何滅絕的。研究人員樂觀的表示，若重新打造一個生物圈二號，將能夠解答主導地球生存條件的龐大微生物，是如何驅動大規模的循環反應，造就今日適合生物居住的大氣環境。他們希望這樣的研究能幫助大家學習該如何善待我們僅有的地球。

地球生物能維持現今這種平衡狀態，要歸功於地球上那些形體微小的居民，包括細菌、真菌、原生動物、藻類及病毒等微生物。它們讓物質在生物圈中循環，提供所有生物各種資源。從雨林到海洋、到海溝，微生物是把所有生命連結成複雜網絡所必需的「黏膠」。

人類製造的垃圾問題

現在正是曼哈坦的拂曉時分，此地是紐約大都會的所在，是全球最絢麗迷人的都市之一。但等你來到第59街的廢物處理站，景象可就不怎麼雅觀了。你看到一艘平底船，上面有堆積如山的垃圾，周圍有一群海鳥徘徊。這些垃圾一直延伸入哈德遜河。

垃圾可說是紐約市最大的輸出品之一。紐約市每天生產超過八千五百公噸的垃圾，但市民製造的大量垃圾鮮少回收利用，僅僅是填入掩埋場中。這確實是一個嚴重的問題。當時，斯塔騰島的福來雪基爾斯掩埋場即將在2001年底關閉，紐約市長想出一個解決之

◀
儘管大多數與維持生命有關的物質都不斷的循環再利用，人類文明的副產品，仍持續堆積在地球上。

道，就是──把垃圾運到別處。可惜，鄰近幾州對他的計畫都不感興趣。所有被問到的垃圾場都拒絕接收紐約市的垃圾，他們認爲憑什麼要幫這個外表光鮮亮麗的文藝之都，收拾背後不利環保的大爛攤呢？

紐約不是唯一面臨這種問題的城市。我們生產大量的廢物，大部分都不易再重複使用。生活在大都市裡，這樣的問題更嚴重，我們都面臨同樣的難題：如何才能加速垃圾的回收利用？想想看，如果其他的生物效法我們製造出很多無法再利用的東西，那該會是怎樣的情景呢？

幸好我們只是地球生物圈裡的一個小連結，在這個巨大的系統中，你不要的東西可能是別人塡飽肚子的佳餚。我們可以把這些連結看做一個複雜又多元化的食物網，各群集的生物持續進行著物質的交換。

生命不斷的循環那些生長與繁殖所需的東西，正是這種循環不已的作用，使地球上的生物生生不息的延續下去。

甲烷絲菌（*Methanothrix*）

身分：細菌

住所：下水道的汙泥中

嗜好：放屁

活動：製造甲烷的傢伙之一，可利用汙水製造許多天然氣(甲烷)，足以供應家庭能源。

循環不息的生物圈

基於實用的目的，我們居住的美麗藍色星球是一個封閉的系統。和生物圈二號不同，我們無法打開一道閘門，為地球灌注更多的氧、氫、碳、氮。地球上的資源稀少又有限，所有的生物必須共享（即循環利用）這些資源，才能生存下去。許多物質的循環都得仰賴微生物這種最微小的地球居民。

我們很容易把地球上的各種物質循環看做分開、獨立的過程，例如動物消耗氧氣，產生二氧化碳；植物消耗二氧化碳，製造氧氣。其實，地球上所有的循環都有密切的關連，它們彼此交織成一個龐大複雜的系統，提供生物生存的必要條件。具有調節作用的回饋機制能把這些循環繫在一塊，只要當中有一個循環發生變化（不論程度大小），就會改變所有的循環。

可以想見的是，科學家對於個別循環中的各元素如何產生變化，有比較多的了解；對於闡釋各個循環是靠什麼力量來調節，比較沒有把握；至於整個複雜的循環系統是受到怎樣的調節作用，才得以維持地球上穩定的生存條件，就更不得而知了。

來看看碳這個元素。和地球上其他生物一樣，我們的身體也是由碳原子構成的。我們的蛋白質、DNA、以及醣類和脂肪等儲存能量的物質，都含有碳。事實上，碳原子幾乎占了人體所有原子的四分之一。碳是所有生物體的主要成分，其他重要的元素還包括氫、氧、氮。儘管活細胞體內碳元素所占的比例很高，但地球上大多數的碳是存在岩石中（無機碳），據估計，幾乎有200,000,000億噸的

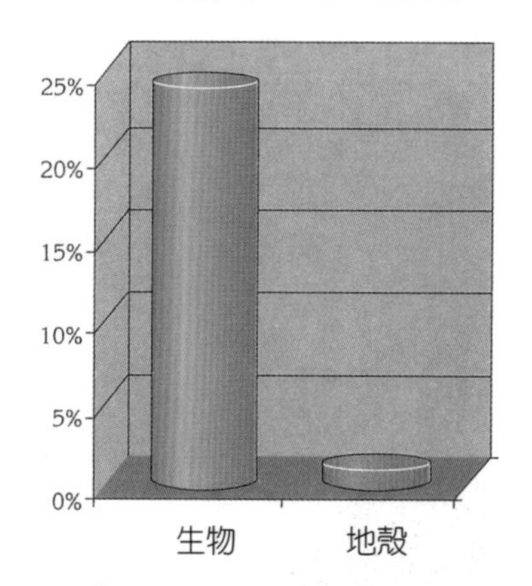

▲

生物把碳原子集中起來

雖然所有生物體內的碳含量加起來僅占地球總碳量的一小部分，但個別生物體內的碳含量相對於個體的總原子質量，卻占了很高的比例。

◀
維繫生命的基本物質不斷在生物與土壤、河川(海洋)及大氣中循環。來自太陽與地心的能量最後又以熱的形式消散到外太空。

碳。大多數的無機碳並不會迅速循環，就像紐約市掩埋場中的垃圾一樣。這表示生物必須從別處取得生長所需的碳。

你可能驚訝生物所需要的碳竟然主要來自大氣中的二氧化碳——也就是單一個碳原子上附帶兩個氧原子所構成的分子（CO_2）。

碳的循環

光合作用捕捉二氧化碳

最早出現在地球上的生物，在水中發現了細胞生長所需的碳元素，不過和大氣中的二氧化碳含量相比，當時水中的碳含量實在微不足道。於是早期的微生物以及稍後出現的植物，漸漸演化出進行光合作用的能力，把大氣中充沛的二氧化碳轉化成生物可以利用的形式，這確實是演化上的一大躍進。

說到光合作用，人們很自然的想到這是植物的專長，但其實像海藻及藍綠細菌（cyanobacteria，俗稱藍綠藻）這些能行光合作用的微小生物也功不可沒。不論是植物或是光合細菌，都能夠把陽光中的能量轉化成化學能，過程中牽涉到二氧化碳的捕捉與固定。它們利用陽光的能量將二氧化碳與氫（由水分子提供）結合成葡萄糖，葡萄糖分子能提供生物能量以及建構細胞所需的基本材料。

從人類的觀點來看，光合作用最主要的附加價值就是把二氧化碳中的氧原子再度釋放到大氣中。氧氣（有它自己的循環）是光合作用的主要廢物。因此，植物、藻類和光合細菌不僅從大氣中拿走二氧化碳，也把氧氣歸還給大氣。說了你可能會驚訝，我們呼吸的氧氣有百分之五十是來自光合細菌的貢獻呢。

海藻

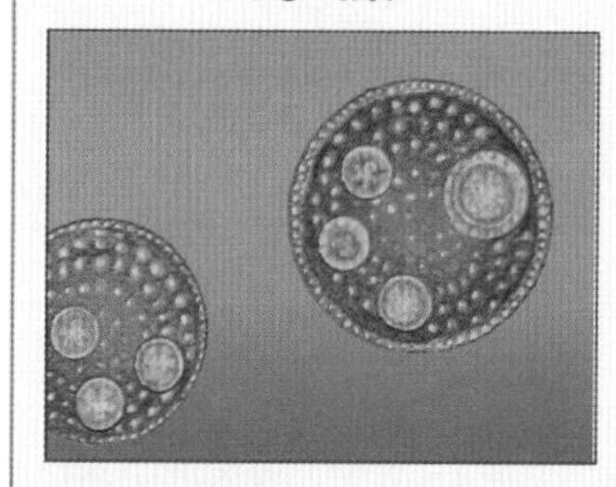

身分：藻類
住所：海洋表面的水域
嗜好：曬太陽
活動：可製造氧氣的傢伙之一，喜歡漂浮在海面上，進行光合作用，我們呼吸的氧氣有一半是它們製造的。

微生物幫忙碳原子變身

當然，把碳轉化成醣類只是碳循環中的一個步驟，碳循環之所以能持續進行，還多虧了微生物在很多方面的幫忙。對植物來說，很多儲存的碳都轉化成纖維素，這是構成植物細胞壁的主要成分。因此，草食性動物和昆蟲要能夠分解食物中的纖維素，才能從中獲取能量與碳元素，以合成細胞所需要的東西。

但其實像牛和白蟻這些草食性動物，本身缺乏消化纖維素的酵素，牠們需仰賴居住在消化道中的微生物（包括細菌和原生動物）來效勞。實際上，微生物幾乎是地球上唯一能分解纖維素的一群生物，纖維素分解後可以提供能量與葡萄糖。如果世上沒有這群小東西，我們可就別想要吃到莎朗牛排或喝杯牛奶，因爲牛群若是光靠牧草中的非纖維部分維生，恐怕都要一隻一隻餓死了，畢竟那些營養素太有限了。

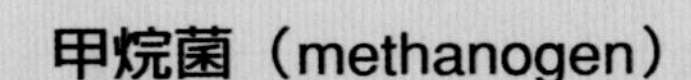

甲烷菌（methanogen）

身分：細菌

住所：昆蟲的消化道

嗜好：反芻

活動：會製造甲烷的傢伙之一，喜歡待在牛的瘤胃（反芻動物的第一個胃）和白蟻的體內，利用牠們的廢棄物生產天然氣（甲烷）。

◀
白蟻有驚人的蛀材能力，因為牠們體內住著許多微生物，可以幫忙分解木材中的纖維素，從中獲取碳元素與能量。

接下來，生命變得更複雜，碳原子有許多不同的走向。牛吃草後，掠食者可能來吃牛，吃牛的掠食者可能又給更大型的掠食者吃掉。然後，草、牛、吃牛的動物可能死掉，細菌和眞菌便入侵它們的屍體，利用酵素把死屍裡的有機物分解成含碳的小分子（及釋出能量），供給食物網中的其他成員利用。

食物網中任一環節的生物，都能透過呼吸作用來分解食物，以利用其中所含的能量，這對碳循環而言是很關鍵的步驟，因爲呼吸作用最終的結果就是讓碳以二氧化碳的形式再回到大氣中。

想了解碳循環的重要性，不妨想像一下，要是這過程中有什麼步驟受阻了，會發生什麼事？好比說，腐生性的微生物消失了，動植物的屍體無法分解，很快將有大量的碳元素受困在這些死屍中。但植物和一些光合細菌仍繼續從大氣中汲取二氧化碳，以進行光合作用，因此重返大氣的二氧化碳將愈來愈少。

最後，如果所有的碳元素都給固定在有機物質（生物體）和岩石中，碳循環將從此停擺，而生命也會走向滅亡，因爲再也沒有碳原子可供生物建造生長與繁殖所需的物質了。

大氣中存在某些氣體，會吸收地表釋放的紅外輻射，使得紅外輻射不易散發出去，最後造成地表溫度上升。這個現象就和玻璃覆蓋的溫室內，溫度會上升的道理相同，因此稱爲「溫室效應」。會造成溫室效應的氣體統稱爲「溫室氣體」，二氧化碳正是其中之一。

大補鐵計畫

二氧化碳是重要的溫室氣體，過去兩百年來，大氣中的二氧化碳濃度持續上升，這都是人類從事某些活動的結果。科學家愈來愈相信，上升的二氧化碳濃度是促成今日全球氣候變遷的原因。對科學家來說，要估計出氣候變遷所帶來的衝擊，並想辦法減少可能的害處（至少是對人類而言)，確實是一項艱鉅的挑戰。

科學家在調查過海洋的微生物族群後提出一個假說：提高海洋中四處漂浮的光合細菌的數量，也許能夠消耗大氣中過多的二氧化碳。他們的構想是促進海中光合細菌的大量生長，這些細菌可以吸收很多大氣中的二氧化碳，足以抵消人類活動所釋放的二氧化碳。

想要增加海中的光合細菌數量，鐵是一個重要的決定因子。鐵是細胞生長不可或缺的礦物質，儘管細胞僅需要微量就夠了。恰巧海中的鐵質含量又很低，因此科學家假設，提高海水中的鐵濃度，將可促使光合細菌數量大增，進而幫助降低大氣中的二氧化碳。

1993年，一群科學家航行到赤道太平洋、加拉巴哥群島以南的溫暖水域去測試他們的假說。他們在八平方公里的海面上撒布480公斤的硫酸鐵。這項計畫被喻

為「大補鐵實驗」(Geritol experiment，這是以一種老年人吃的補鐵劑來命名)。果然如科學家預料的，鐵進入海水中確實刺激了光合細菌的生長，接下來的三天，海中的光合細菌數目增加了一倍，如此確實降低了鄰近地區大氣中的二氧化碳濃度。

可惜這種效果很短暫。加入海水中的鐵很快沉降到海洋底部，那是光合細菌無法到達的地方。所以這種策略不可能讓我們逆轉溫室效應，不過倒是讓我們體認到微生物在物質循環過程所展現的神奇力量。

跟著「跳跳碳」走一遭

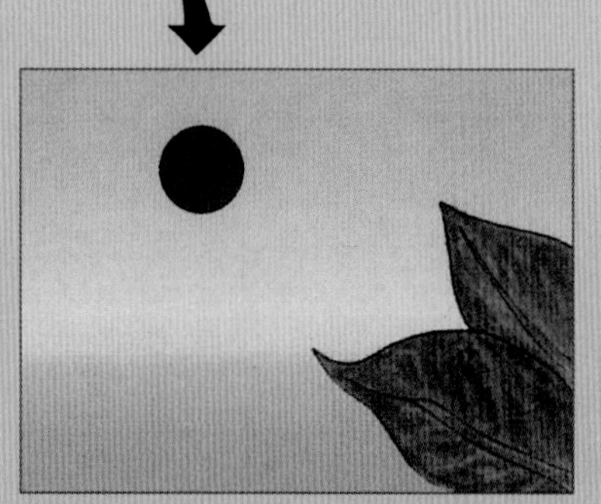
二氧化碳飄浮在葉片附近

成為葉片的一部分

如果我們可以給碳原子黏上一個小藍點，我們就可以追蹤這個碳原子怎樣在大氣、生物、土壤與海洋之間循環。恐怕大多數人都會很驚訝碳原子所行進的路線。我們可能會看到這個小藍點結合了兩個氧原子（形成二氧化碳分子），在哥斯大黎加的科可瓦多雨林上空飄浮著，它可能已在那裡游移多年了。就在我們遇見這個小藍點的那一天，它正巧展開新旅程，從蟻棲樹（又叫號角樹，*Cecropia*）葉片上的小開口鑽進去。

不久後，這個小藍點成為葉片纖維素的一部分，仍舊停留在葉片表面。後來我們又看到含有小藍點的葉片變成小碎片，在雨林的地表像行軍般的與其他小碎片一同向前行。仔細一看，原來是一群切葉蟻在搬運從葉子咬下來的小碎片，牠們陸陸續續把小碎片帶回地底下的蟻窩。在那裡有很多等待中的螞蟻開始啃食葉片，也包括那個含有小藍點的葉片。稍後小藍點從螞蟻的排泄物

被螞蟻運送到地底下

遭螞蟻啃食

接次頁

跑出來，沈積在蟻窩中的覆蓋物裡。

那些覆蓋物中長著一種真菌，與切葉蟻是互相依賴的共生關係，若缺乏其中之一，兩者都無法生存。真菌會分解葉子，把含小藍點的碳元素吸收進來，成為自己細胞的一部分。幾週後，切葉蟻把真菌當宵夜吃了，小藍點又回到螞蟻體內。切葉蟻培養真菌當食物，就像我們種植蔬菜一樣，然後切葉蟻再把真菌吃掉，那個小藍點也就一併給吞入。

切葉蟻把真菌的成分轉化成葡萄糖（於是小藍點又跑到葡萄糖分子上），以備明日出發採集糧食之需。切葉蟻體內的某個細胞利用大氣中的氧氣來氧化葡萄糖（也就是利用氧的能量分解葡萄糖的原子），並將含小藍點的碳轉化成二氧化碳，釋回大氣中。一陣風吹來，將含小藍點的二氧化碳吹向太平洋，二氧化碳於是溶入溫暖的鹹水中。

溶解在海洋中

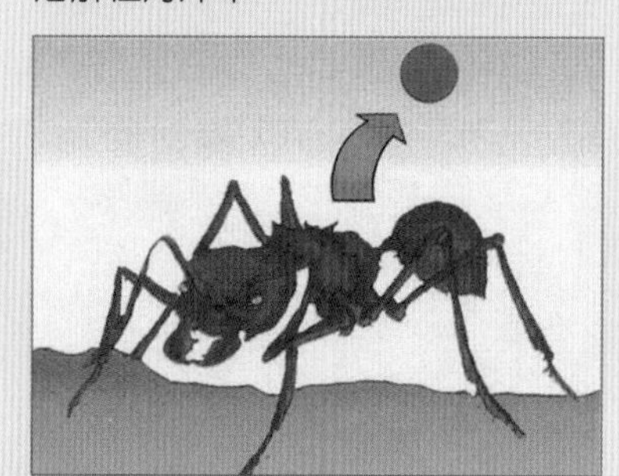

以二氧化碳形式釋出

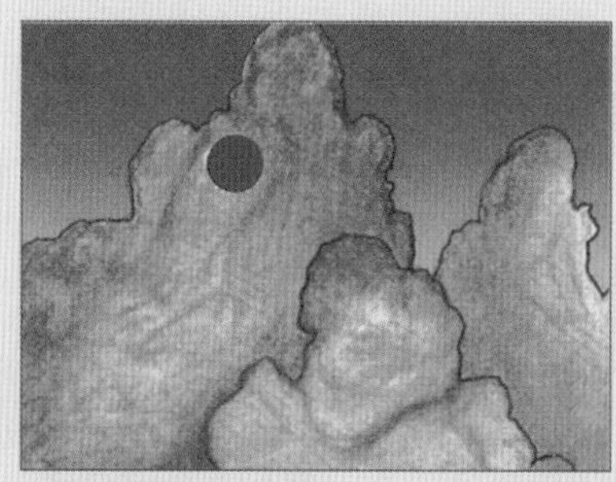

成為真菌的一部分

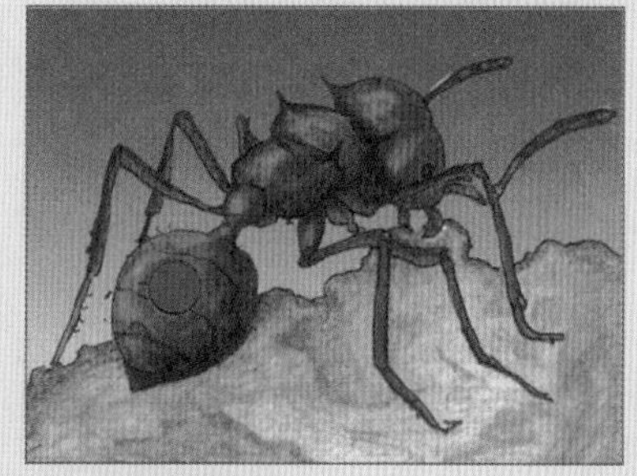

給一隻螞蟻吃掉

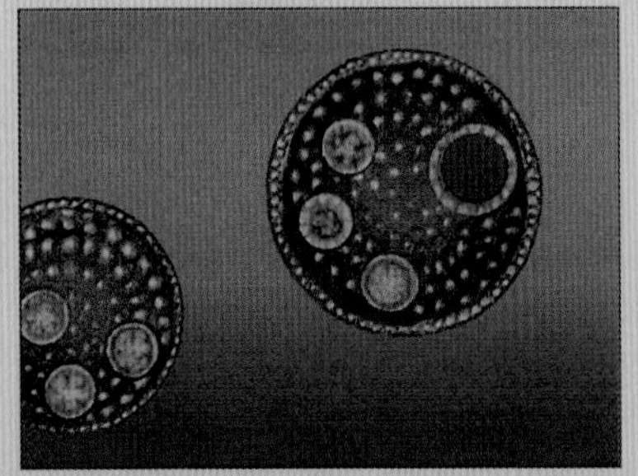

成為海藻纖維素的一部分

海洋中的海藻細胞漂浮在靠近海面的地方，這個含小藍點的二氧化碳有機會進入海藻細胞，參與光合作用。於是小藍點擺脫兩個氧原子，再度進入生物世界。這回它給轉化成醣類分子，併入海藻細胞堅韌的細胞壁。

隔了一個星期，一隻小刺水蚤游經此地，大口吃掉這海藻，我們的小藍點又跑到刺水蚤的體內。不過，刺水蚤只能消化海藻細胞，無法消化的細胞壁只好當成糞便（連同小藍點）排出體外。

糞便顆粒穿越了150公尺深的海水，慢慢的向下沈

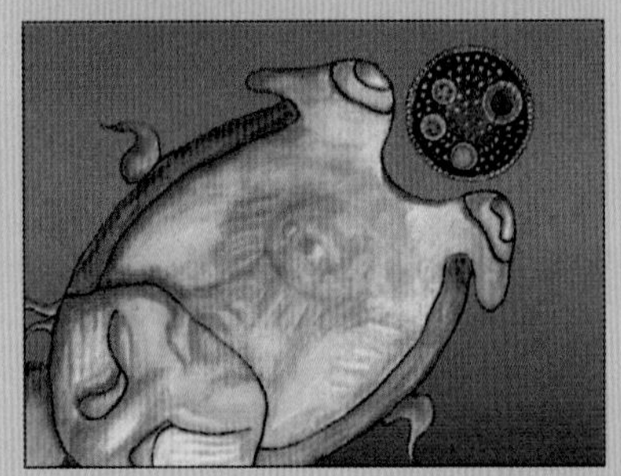

海藻給刺水蚤吃掉

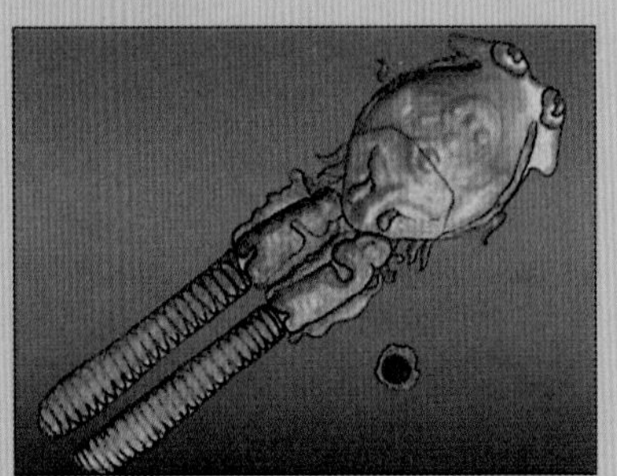

以纖維素廢物形式排出

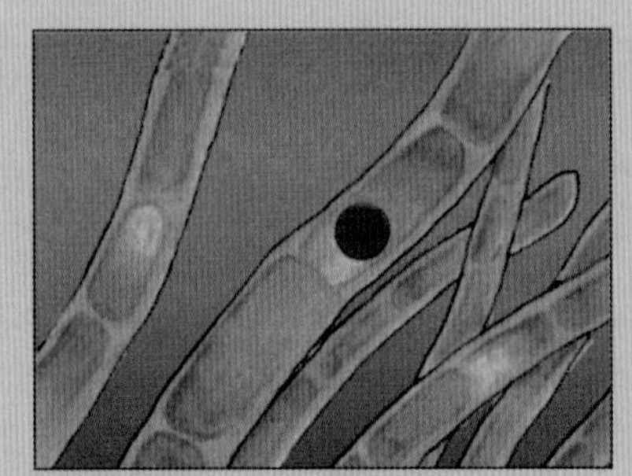

纖維素讓另一微生物吃掉，
並以二氧化碳形式釋出

回到雨林上空飄浮

降。隨著糞便顆粒沈降，小藍點所在的碳漸漸脫離糞便中的其他碳原子。

在海底與海面穿梭往返的微生物接收了這個含小藍點的碳，把它轉化成二氧化碳釋放到海水中，這二氧化碳又再度給海藻捕捉。

這時一尾鯨魚恰好經過，牠濾食海洋中的藻類，又把小藍點吃進去。含小藍點的碳經由鯨魚的呼吸過程，再次以二氧化碳的形式排出。

一陣海風吹過，把這個二氧化碳又吹向雨林上空，如此小藍點就這麼完成一趟碳循環的壯舉。

鯨魚呼吸釋出二氧化碳

成為另一海藻的一部分

海藻給經過的鯨魚吃掉

氮的循環

除了碳循環，生命的運作還需要靠許多其他的循環。像是構成生物體所需的氫、氧、氮、硫、以及磷，也都必須經由循環來反覆利用。

以氮爲例，氮是所有生物細胞的DNA與蛋白質所必需的元素，也是繼碳、氧、氫之後，細胞內第四大常見的元素。和碳一樣，大氣是無機氮的主要來源。事實上，除了埋在岩石或溶在水中的氮不算，我們的生物圈中超過99.9%的氮是以氮氣（N_2）的形式存在大氣中，這些氮都無法直接讓生物細胞利用。

前面我們看到植物與微生物都可以捕捉大氣中的碳，但說到氮，那可是微生物的看家本領。植物（以及地球上其他的生物）都得依靠微生物捕捉氮的能力，把大氣中的氮氣轉化成植物可以利用的形式。

根瘤菌

（*Rhizobium*）

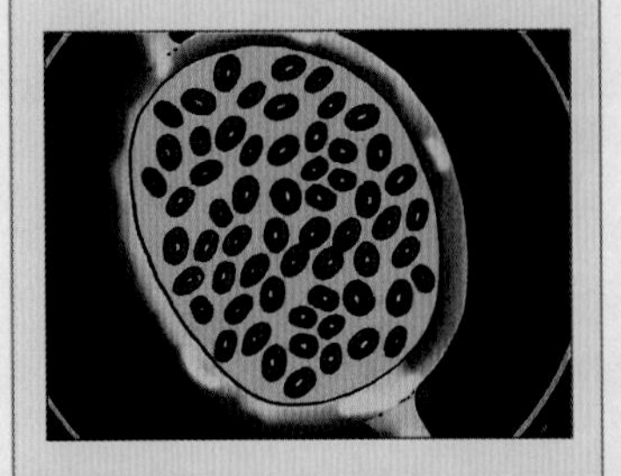

身分：細菌

住所：豆科植物的根毛

嗜好：與植物共享食物

活動：固氮菌的成員之一，能從大氣中捕捉氮，把氮轉化成它自己與植物能利用的形式。

植物的好夥伴

這種依賴性，使某種不尋常的共生關係誕生了。假設有一天你在三葉草（苜蓿）蔓生的田野或草地閒逛，你拔起一株三葉草觀察它的根部，很可能會看到一連串典型的根瘤，這些根瘤就是這種植物與微生物共生的明顯證據。

三葉草的根瘤內含有特殊的微生物，可以提供植物現成可用的氮。這種微生物從大氣中吸收氮氣，把它轉化成氨（NH_3），這形式的氮源可供植物與微生物生長之需。微生物這種本領叫做「固氮作用」，它們也因此得到「固氮菌」（nitrogen fixer）的封號。

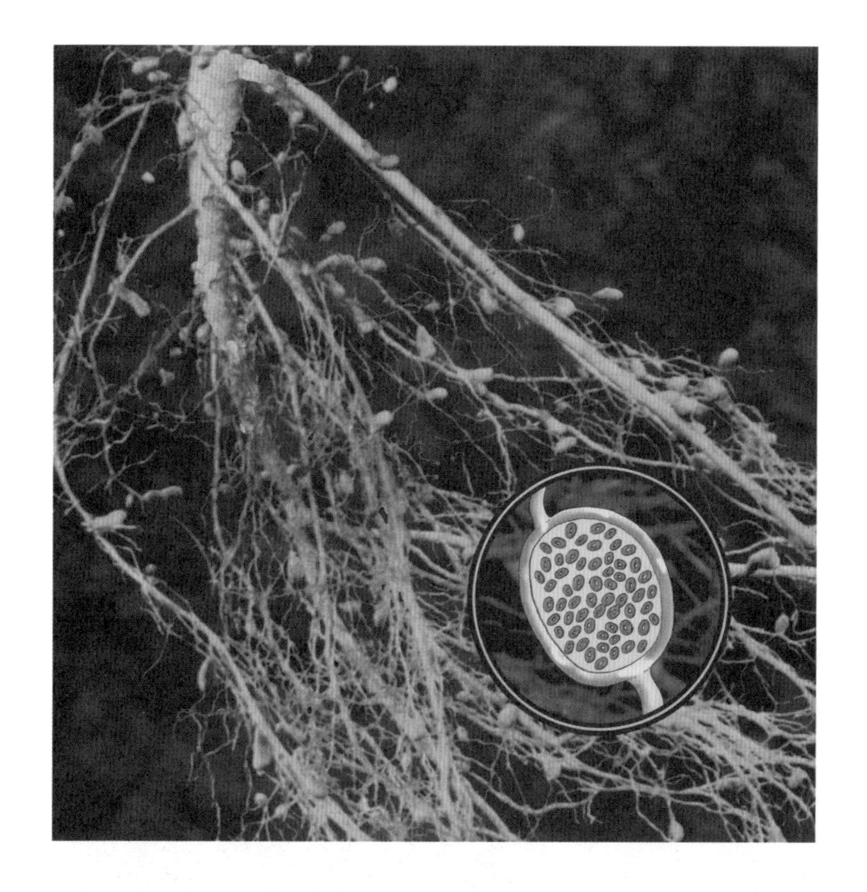

互利共生的例子

植物得到有用的氮源，微生物得到生長所需的營養。

儘管自然界的閃電能把大氣中的氮轉化成生物可利用的形式，但製造氮肥主要還是微生物與人類獨有的專利。人類可以利用工廠的設備，透過化學反應把大氣中的氮轉化成人工氮肥。合成的氮肥成爲農耕與園藝所需的主要肥料之一，一些重要的農作物，例如玉米，就是因爲施予氮肥而大大提高產量。

撇開農業用的人工氮肥不談，所有的植物都需要仰賴微生物供應氮，而植物回饋給微生物的是提供它們生長所需的營養，兩者形成完美的夥伴關係。這種植物與微生物的合夥關係是植物世界最重要的共生形式之一。由於人類完全依賴植物與吃植物的動物維生，所以這種共生關係對我們而言也是非常重要的。

和諧完美的合夥關係

小豆子的呼喚

植物與微生物的共生關係，想必早在陸生植物開始演化時就存在了。這種關係也不是隨機亂湊合的，因爲特定的植物只與特定的

豆科植物與根瘤菌的共生關係

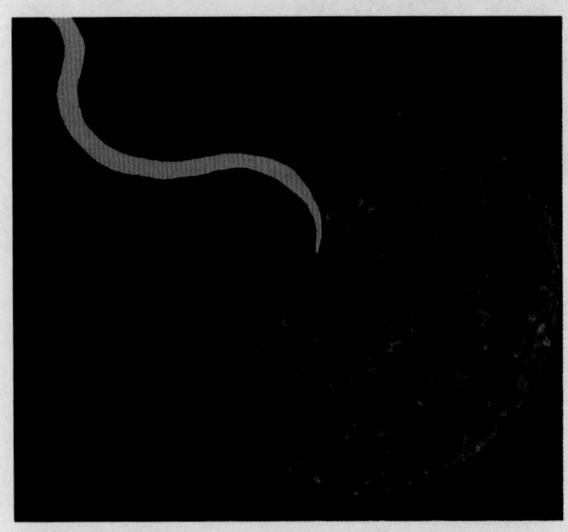

豆科植物的根利用化學訊號「呼喚」根瘤菌。

根瘤菌接收到訊息後，朝豆科植物的根部移動，並釋出它們的化學訊號回應著。

微生物「同居」。實際上，每一種植物和它們特有的固氮菌彼此配合得很好，它們已演化出一系列獨特的化學反應，來彼此溝通與傳遞訊息。這樣的化學對話在自然界中是很普遍的現象，包括人類與微生物之間也存在這種交流。

來看看一棵豆科植物的例子。當一顆小豆子開始發芽長根時，它會傳遞一種化學訊息給周圍的土壤。你要是用心聆聽，說不定可以聽到小豆子這樣說：「快啊，來靠近我吧！跟我在一起，包你有個避風港，吃住不用愁。但你那多餘的氮丟了可惜，不如分我一點吧。」不過土壤中微生物那麼多種，只有根瘤菌聽得懂小豆子的呼喚，於是它們成爲互利共生的最佳拍檔。

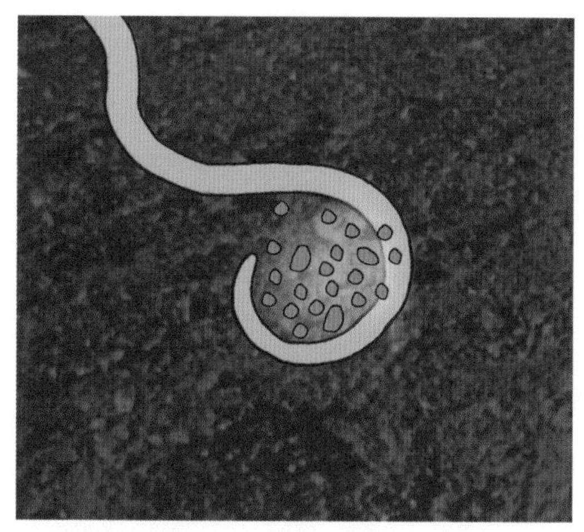

根部逐漸把靠攏過來的細菌包圍、吞入。

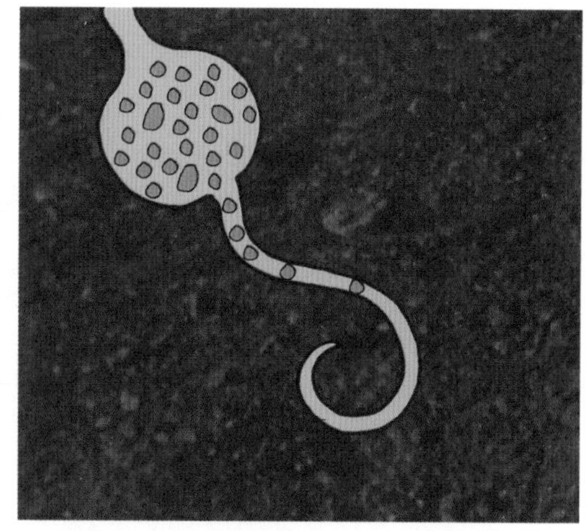

進入根部細胞的根瘤菌開始進行固氮活動。

根瘤菌能幫助小豆子固氮，所以當它聽到歡迎光臨的訊息，就朝小豆子的微小根毛前進，它也回傳訊息給發芽的小豆子。彷彿充滿「愛意」的根毛開始圍繞根瘤菌，並讓自己的細胞壁軟化，以迎接根瘤菌進入根部。等根瘤菌進入根細胞，小豆子會做一個大眾運輸工具，把根瘤菌這群嬌客載往根部的核心部位。

細菌住進來後，會通知植物細胞，宣布它們的到訪，並開始進行固氮工程，把來自大氣的氮氣轉化成植物與細菌都可以利用的形式。從豆科植物生長繁茂、以及它們的根部長滿了許多瘤狀物，我們得知這兩種生物的共生關係非常成功。要是沒有根瘤菌的幫忙，豆科植物可能長得弱不禁風，除非另外施予人工氮肥或其他氮源。

固氮專家

包括豌豆、菜豆、紫花苜蓿在內的豆科植物與固氮菌的傑出共生關係，讓農人頻繁耕種的土地裡依然可以保存著氮源。由於根瘤菌能將大量氮氣轉化成植物可利用的形式，使得豆科植物常成爲輪耕的作物。因爲豆科植物含有豐富的氮，農人可以將豆科植物翻埋入土，爲稻、麥、玉米等缺乏這種共生關係的重要作物提供可利用的氮。藉由兩種作物的輪流耕種，可以爲農人減少昂貴的氮肥開銷。要是沒有輪耕，農人勢必仰賴人造的氮肥了。

水域棲地中也可以見到微生物的固氮作用，在此藍綠細菌是主要的固氮專家，其實它們可說是目前已知唯一能行光合作用又能固氮的生物。由於具有這兩種維持生命的重要功能，藍綠細菌可說是唯一完全自給自足的生物，不必仰賴其他生物提供氮與食物，它們也是現存最古老的生物之一。那些看起來與今日的藍綠細菌相似的微生物，已成功的在地球上存活40億年了。

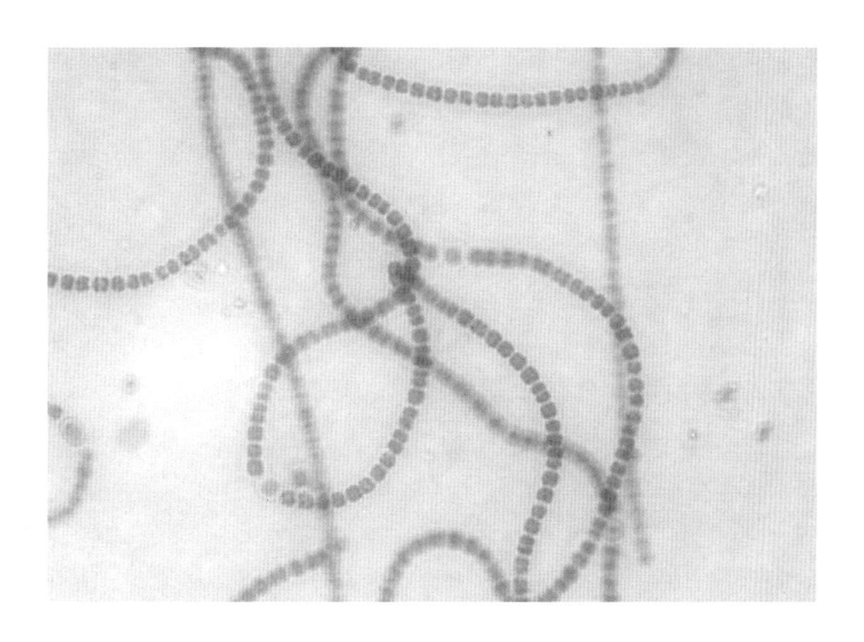

◀
藍綠細菌是水域中的固氮專家，它一身法寶，不但能固氮，還能進行光合作用。

物質的循環：怎麼來就怎麼去

氮原子變變變

和碳一樣，一旦氮進入生物體內，會經歷許多不同的途徑，最後才又回到大氣中。植物、動物和微生物都可利用氨，來建造細胞的構造。生物體死亡後，微生物會去分解屍體，使有機氮直接再以氨的形式重新被利用。還有一些微生物可以將氨轉化成水溶性的氮鹽，叫做硝酸鹽，這種物質可以在土壤與水中自由移動，提供鄰近的居民另一種氮的來源。

當然，最後總要有人來把生物體內的這些有機氮轉化成氮氣，以便回歸大氣中，完成氮的循環。如果大氣中的氮讓細菌固定後就沒戲唱了，那麼現存的氮恐怕早已都給固定在生物體內了。幸好事實並非如此，正巧有一群微生物出面解決這問題，它們能把有機氮轉化成氮氣，釋放回大氣中。這群微生物的工作效率很高，事實上，它們的任務之一就是不要讓太多的氮給鎖在生物體內，最好讓有機氮維持在不到地球總氮量的0.1%。這群微生物叫做「脫氮菌」(denitrifier，或稱去硝化細菌)，它們仰賴各種氮鹽來汲取能量，並以驚人的速率把氮氣送回大氣中。

在氮以氮氣的形式重返大氣的路途中，土壤與水中的微生物會讓氮原子在一連串不同的化合物之間轉化，當中有些化合物會對環境帶來重大的影響。例如，其中一種中間產物是一氧化二氮(俗稱笑氣)。一氧化二氮是一種強力分子，當它釋放到大氣中，會破壞保護地球的臭氧層，使地球更容易受到陽光中有害輻射線的破壞。當環境中存在大量的硝酸鹽時(例如過度使用人工氮肥)，會導致一氧

麴菌(*Aspergillus*)

身分：真菌

住所：森林的地表

嗜好：腐化食物

活動：分解者的成員之一，能釋出消化酶將複雜的物質分解成簡單的分子；如果食物遇到這種情形，我們說它酸臭腐壞了。

化二氮產生過量。儘管臭氧層的破壞是由許多因子促成的，但人類過度使用人工氮肥無疑是幫兇之一。

串起物質循環網

其實，所有用來打造活細胞的物質都需要微生物從中幫忙，才能在自然界與生物體之間循環不已，反覆利用。各種微生物都盡守本職，不斷的形成、分解與交換各種生命賴以維持的化合物。

別小看一湯匙的沃土，裡面包含的細菌數量可是超過十億個，種類也至少有五千種，每種細菌在微生物社群中都扮演不盡相同的角色，而且都與物質的循環有關。再看一茶匙的海水中，也蘊含著上百萬的微生物，裡面的每一個成員對維持生物圈的物質平衡都有貢獻。

微生物把地球上所有的生物串連成生生不息的循環，形成一個龐大複雜的食物網。它們驅動了無數物質的交換，並把自己嵌入多元的關係中，讓地球上包括人類在內的生物都與它們有密不可分的關連。

腐敗就是真菌與細菌把生命辛辛苦苦組織成的複雜有機物質加以分解的過程。這些微生物的酵素可將有機物質分解成較小也較簡單的分子，當做自己生長所需的材料，重新利用。在腐敗的過程中會消耗氧氣，釋放出二氧化碳與水。拜這種瓦解作用之賜，生命才能在生生滅滅之間不斷的循環下去。

前進熱帶雨林

地球上再也沒有一個地方像熱帶雨林那樣具有繁茂的生物多樣性與旺盛的物質交換作用。世上的每一個熱帶雨林都是豐富的生態系，任何走進雨林的訪客，無不立即讓林林總總的生物包圍，你的五官應接不暇，轉個彎或回個頭，處處有令人驚奇的新視野。

熱帶雨林蘊藏著肉眼世界中見得到的各種生物。單單是一棵樹上就可能居住著上百種的昆蟲、小動物以及其他種類的植物。而每一種肉眼可見的生物，都可能與上千種微生物交織出複雜密切的關係。

哥斯大黎加是位在中美洲的小國家，它的地形彷彿是銜接著北半球與南半球的狹長陸橋。難得的是，這個小國目前已懂得重視本身珍貴的熱帶雨林生態系，其他的開發中國家還缺乏這種覺醒。哥斯大黎加的人民已經和一些頂尖的科學家共同設立若干自然實驗室，準備探勘雨林生物的複雜關係，這些複雜關係正是此地物種多樣性的源頭。

生物網的「黏膠」

前來哥斯大黎加的自然實驗室做研究的生物學家及微生物學家各有不同的目的。詹特森（Dan Jantzen）和哈娃（Winny Halwachs）是

◀
哈娃：「以前我就知道自然界裡蘊藏著大量的微生物，只是關於它們對我們周遭環境的莫大貢獻，我近來才真正領略到。微生物不愧是偉大的工程師，它們讓地球上的生物得以生生不息的繁衍，並維持生態系的平衡狀態，讓我們得以生存。」

▲
詹特森：「說到物種與物種所交織成的生物網，人們總是想到一個二維的結構圖。其實，生物網是多維的結構，微生物就穿插在這些脈絡中。好比生態系中的黏膠，把各種雜七雜八的生物都黏在一起。」

一對夫妻檔，他們想要找出所有居住在這個熱帶雨林的生物，好爲此地豐富的物種做一個完整的名錄。他們希望這樣的名錄可以幫助科學家更了解這個地區特有的物種多樣性，並追蹤未來這些物種組成的變化。

詹特森和哈娃把生命奉獻給一塊受到破壞的雨林，地點位在哥斯大黎加西北角的瓜納開斯塔保護區。當初這裡曾因放牧之故遭燒毀，目前夫妻倆正致力拯救這塊雨林。這對夫妻雖然並非微生物學背景出身，卻能了解微生物在這種特殊環境中所扮演的重要角色。詹特森形容這些微生物好比生態系中的「黏膠」，把各種雜七雜八的生物都黏在一起：「說到物種與物種所交織成的生物網（web of life），人們總是想到一個二維的結構圖。其實，生物網是多維的結構，微生物就穿插在這些脈絡中。」

夏培拉（Ignacio Chapella）是另一位前來哥斯大黎加雨林做研究的科學家，他的研究對象是某一類對雨林生態健康有重要功能的眞菌。他想了解眞菌和植物之間的合作關係如何促進雨林繁盛的生長。夏培拉的工作與詹特森和哈娃的工作有部分的交集，因爲夏培拉所研究的東西，將有助於這對夫妻解釋雨林中各種生物之間的交互關係，並爲雨林的生物多樣性做記錄。

菌根在雨林中的角色

青翠雨林的假象

在地球所有的生態系中，眞菌對維持礦物質及營養素的循環，也占有舉足輕重的地位，尤其在熱帶地區的生物網，眞菌所扮演的角色更是重要，如果沒有它們，青蔥蓊鬱的熱帶雨林將變成一片貧瘠光禿的溼地。

當你看到雨林中植物長得如此茂盛，也許會猜想那裡的土壤一定很肥沃，但可別被這種假象騙了，其實雨林中的土壤已經沒有什麼養分了。怎麼說呢？

熱帶氣候的高溫造成生物死屍的分解速率比溫帶地區還快，分解出來的養分很快的滲入雨林地表。你也許認爲這樣可以造就一個肥沃的雨林環境，但每天的降雨也很快的將游離的養分沖刷掉，導致土壤流失很多植物生長所必需的營養物質。

當農人把雨林地轉變成農業用地時，就可以明顯看出每日降雨對土壤養分流失的影響。在森林經過砍伐、焚燒，並種植農作物之後，只消短短的一季，就可以發現土壤中的營養已經流失殆盡，而且土壤本身也受到侵蝕。如果還想在這種地方耕種，唯一的補救之道是大量使用人工肥料，不過這種方式很昂貴，往往不是開發中國家的農人所能負擔的。

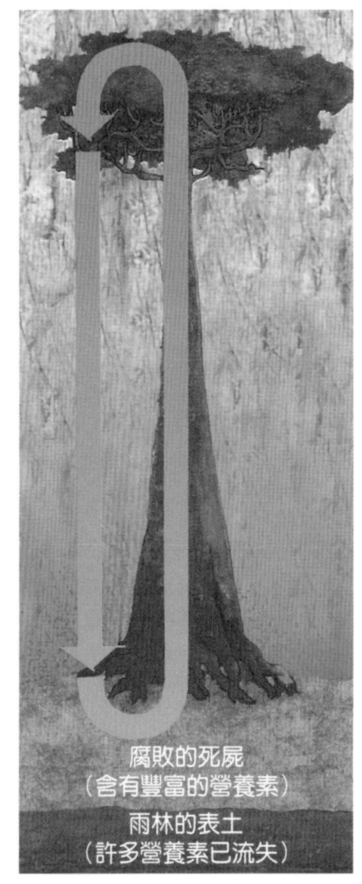

▲
在雨林中，從樹冠層掉落的有機物質會快速被分解、再回收利用。不過與溫帶森林不同，雨林的表土養分稀少，因為豐沛的雨量會將土壤中的營養沖刷掉。

有機質的清道夫——菌根

既然利用雨林的土壤種植農作物的結果這麼不足取，那麼究竟是什麼原因讓雨林中的天然植物可以如此繁盛的生長？其中一個祕密在於這些植物與一群叫做菌根（mycorrhizae）的眞菌之間的合作關係。熱帶植物和菌根有密切的物質循環關係，使植物不受熱帶多雨氣候的影響，仍然能取得生長所需的營養。

這種合作關係密切到這些眞菌儼然成爲植物根部構造的一部分，也因此我們乾脆稱它們爲「菌根」。某些狀況下，眞菌厚厚的纏裹在根部外，取代了植物根毛的功能，向四周吸收大量的養分，供

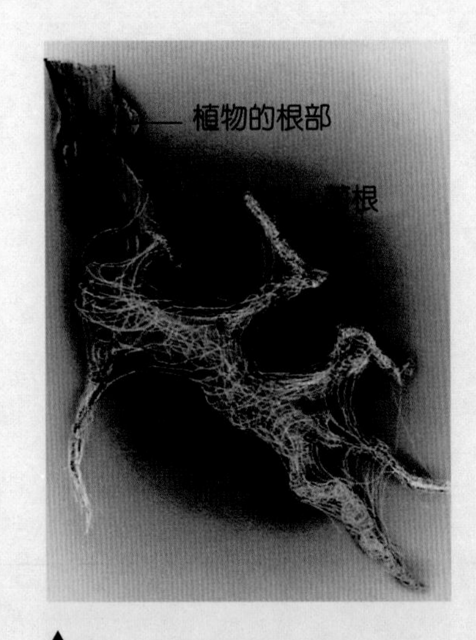

▲
菌根裹在植物根部的外圍，取代根部吸收營養的功能。菌根捕捉到的營養素可供植物和它們自己利用。

植物利用。另一種情況是，眞菌會入侵根部的活細胞，形成緊密纏繞的結構，看起來就像在根細胞內部織成的活錦緞。

雨林植物與菌根的互利共生關係很明顯。菌根可說是有機質的清道夫，只要有死亡的生物體掉到雨林地表，各種不同的眞菌和細菌就會參與分解屍體的工作，把有機質分解成較小的分子，以供回收利用。菌根既能分解有機質，也可以從中迅速擷取一些重要的元素，例如磷、氮，儲存在它們的細胞中。如此可以避免大雨一來，又將土壤中的這些營養素沖刷殆盡。

接著，菌根可以把它們保存的營養素直接轉移給植物的根部。植物回饋菌根的方式則是提供它們一個安全的避難所，以免遭到其他眞菌或細菌的掠食，同時植物也提供菌根葡萄糖、維生素等營養，好讓菌根生長。

我們可以合理的猜想，這種植物與菌根的共生關係，早在當初植物登上陸地時就開始演化了，畢竟這種關係可以確保植物取得生長所需的營養。今日，98%的陸生植物多少都有具有這種與菌根的共生關係。

成就非凡的運輸線

儘管眞菌也是微生物世界的一員，但由於具有一些獨特的構造，使它們有別於其他數量龐大的單細胞微生物。眞菌很特別的一點是細胞會頭尾相連，一個接一個，形成細細長長的絲線，可以延伸很長的距離。由於串連起來的細胞數量很多，通常我們肉眼就可以看見這些絲線。如果你把一塊剛烤好的麵包放在廚房的料理台上，幾天後，就可以看到麵包上出現眞菌所形成的絲線，我們叫這

▲
菇類是由許多真菌細胞構成的，特徵是能產生孢子。菇類參與物質循環的過程，使死屍中的有機物質可以再回收利用。

些眞菌爲「麵包黴」。

這些絲線就是所謂的「菌絲」（hypha）。菌絲可以在土壤中綿延數公里，沿線的每一個細胞都可以和下一個細胞溝通，傳遞營養素與礦物質。要是這些眞菌是菌根的一員，還可以把生長所需的物質從這株植物運輸到下一株。就植物的觀點來看，菌絲這種功能彷彿地面下的高速公路，可以把磷、氮之類的營養素從高濃度地區運送到低濃度地區。因此眞菌對協助陸生植物獲取重要資源，可說功不可沒，畢竟陸生植物無法四處移動。

可形成菌絲的眞菌還能迅速穿透死屍的細胞去尋找食物，眞不愧是乾燥的陸地環境中，數一數二的分解者。因爲眞菌無法仰賴水流幫它們移動到有食物的地方，只好伸出菌絲去覓食。水域的環境

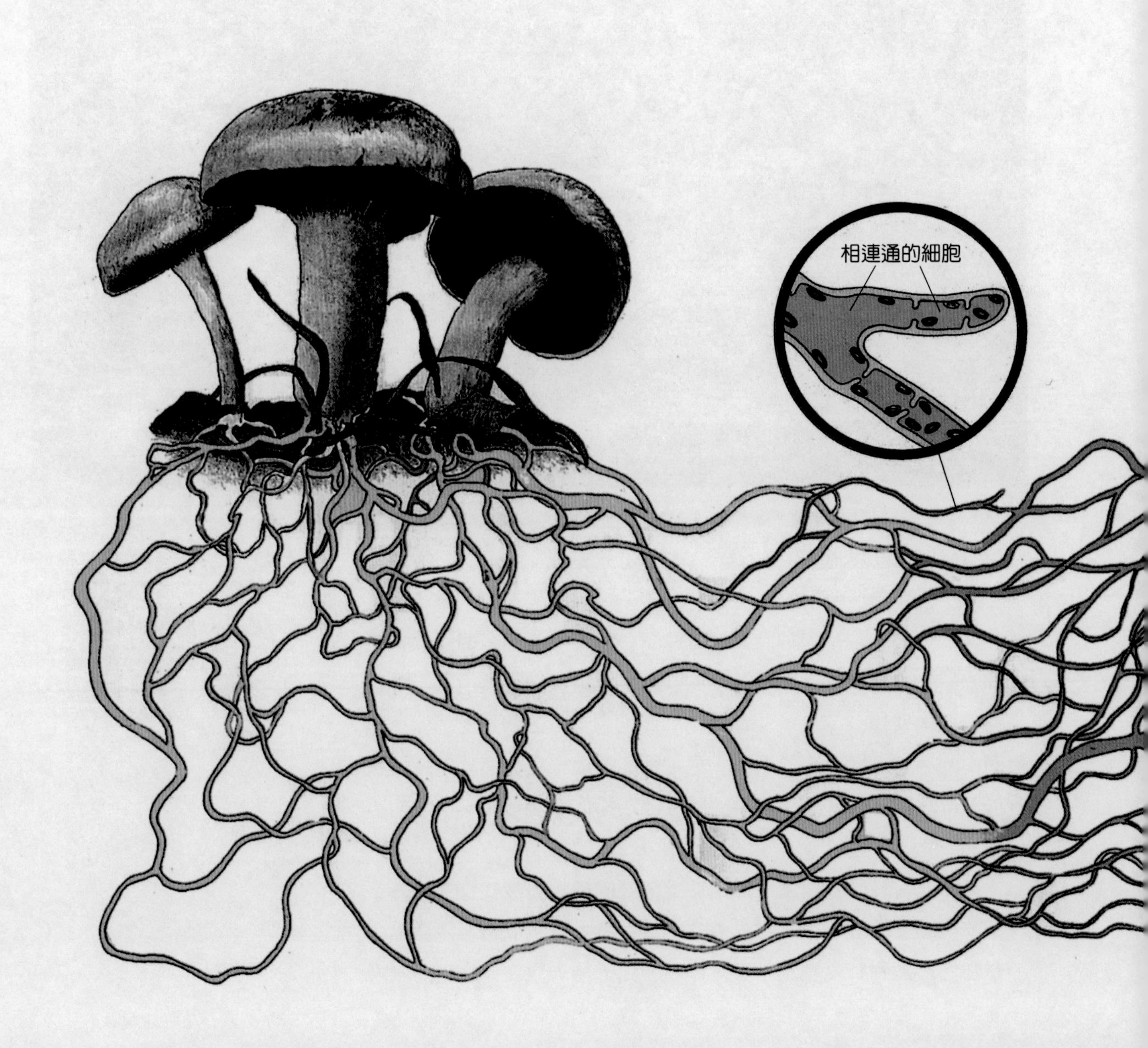
相連通的細胞

◀

高明的運輸工

由彼此相通的細胞串連而成的細長菌絲，好比森林中的地下傳輸帶，可將養分從很遠的地方運送過來。

就方便多了，那裡的單細胞微生物通常有與生俱來的推進器，可以有效的幫助它們尋找食物。

菌絲穿透細胞的驚人能力不僅展現在死屍上，對活生生的植物而言，某些眞菌可是威力兇猛的病原，細長的菌絲可以入侵活體細胞，導致植物嚴重生病，未老先衰，使腐敗死亡的過程提早到來。眞菌也會入侵其他生物，例如昆蟲、人體，還會侵入其他的眞菌。

從樹冠層到數百萬個胃

雨林生態系中，還有其他由眞菌參與的共生關係，對生物網中的能量與食物的轉移極其重要。在成熟的森林中，幾乎所有的光合作用都在高高的樹冠層（canopy，也就是森林的最頂層）進行，這是因爲陽光根本無法穿透樹冠層那密密麻麻的樹葉與枝條。事實上，愈成熟的森林中，高樹底下生存的植物愈稀少。

由於大多數的能量都聚集在能行光合作用的森林頂端，居住在雨林的各種生物勢必得想辦法獲取高高在上的資源。有一種古老的合夥關係，恰能展示出生物如何輾轉利用樹冠層上巨大的能源庫。

切葉蟻勤做工

切葉蟻（leaf-cutter ant）是居中穿針引線的一大功臣，儲存在樹冠層葉片中的含碳能量，有三分之一是靠切葉蟻轉送到森林地表。不過，這種能量轉移工程不光是切葉蟻的功勞，說實在的，切葉蟻雖然辛苦的將頂層的樹葉切碎，一片一片搬運下來，但是牠們根本無法消化這些葉片，而是將葉片送往地底下的蟻窩，在那兒繼續加工，咀嚼成細小的碎屑，放置在牠們巨大的地下花園中。

▲
切葉蟻能把樹葉切成小碎片，一片一片的從樹頂扛到地底下的窩，讓飼養在窩裡的真菌消化分解葉子裡的營養物質，再供應給切葉蟻食用。

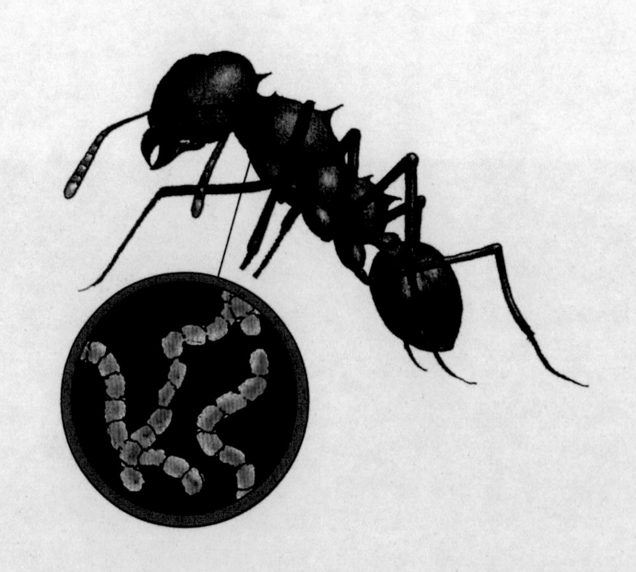

▶
切葉蟻的胸前帶著一群鏈黴菌，兩者間存在著互利共生的關係。鏈黴菌可以製造抗生素，殺死入侵蟻窩的外來真菌，以保護切葉蟻賴以維生的真菌；切葉蟻則提供鏈黴菌安全的庇蔭。

這群切葉蟻飼養著許多眞菌。眞菌可以分解葉片，提供食物與能量給它們的飼主，以及周遭肉眼可見或隱形的當地居民。眞菌則仰賴切葉蟻的保護，使它們不致受掠食者的侵害，而且有源源不絕的食物可吃。切葉蟻甚至提供重要的酵素來幫助眞菌消化葉片。

切葉蟻小心翼翼的培養這群眞菌，細心的程度不亞於園藝學家栽培某種珍貴的玫瑰花。事實上，經過幾百萬年的演化，切葉蟻已經成功的把牠們飼養的眞菌傳遞到每個新的蟻窩，所以只要有切葉蟻的地方，都可以發現基因完全相同的眞菌菌株。

切葉蟻甚至會保衛牠們的眞菌不受其他眞菌的侵襲，有一種叫做*Escovopsis*的眞菌，別的地方不去，就愛賴著切葉蟻的窩不走。爲此，切葉蟻又發展出另一套與微生物的共生關係，這個合夥人就是在製藥界赫赫有名的鏈黴菌（*Streptomyces*）。鏈黴菌可以製造很多種重要的抗生素，巧的是切葉蟻很懂得善用這種特性，牠們把鏈黴菌帶在胸前，利用鏈黴菌產生的抗生素來殺死入侵的*Escovopsis*菌。

樹冠層上的牛群

另一種將雨林頂端的能量轉移到地表的合作關係，是目前加州大學的夏培拉正在研究的主題，夏培拉把這群合夥人比喻成「樹冠層上的牛群」，其實他指的是一群食量龐大的毛毛蟲。毛毛蟲是蝴蝶和蛾發育過程中的一個階段，牠們啃食樹冠層的樹葉，將光合作用產生的能量轉移到牠們迅速生長的身體內。

和吃草的牛群一樣，夏培拉認爲這些毛毛蟲雖然吃了那麼多葉子，但要是沒有其他生物的幫忙，也是無法消化葉子裡的營養。他猜想，毛毛蟲的消化道中應該居住著一群眞菌，能幫牠們分解葉片，將其中儲存的有機物質轉變成毛毛蟲與眞菌都能利用的形式。如此一來，樹冠層所蘊藏的豐富能量與營養素（包括碳與其他重要的元素）將順利的轉移到樹下、地表，並以各種途徑進入食物網中。

▲
科學家懷疑毛毛蟲的消化道中居住著一群微生物，可以幫助牠們消化食物，就像牛胃中的細菌那樣。

這種關係不正如牛群和居住在牠們胃中的微生物那樣嗎？結果導致能量的轉移。牛胃中的細菌能把牧草中的纖維素分解成簡單的糖分子，供牛吸收利用，使牧草中的能量得以轉變成牛肉、牛奶、以及新生的小牛。毛毛蟲也是如此，有了微生物的幫忙，樹葉中的營養與能量才能讓毛毛蟲利用，毛毛蟲最後又變成其他生物的食物，由此進入複雜龐大的食物網。

海洋中的微生物

大多數的人多少都了解生活在陸地是怎麼回事，這包括各種動植物間的交互作用。至於黑漆又神祕的海洋世界，裡面的生物不論是巨大的烏賊或是渺小的微生物，則仍有許多留待科學家的探勘。

儘管海洋深沈莫測，它倒是有一點與熱帶雨林頗相似。就像雨林的樹冠層能提供豐富的能量給下層的生物，海洋上層的水域也是一個很活躍的食物製造工廠，它和樹冠層一樣都是陽光到得了的地方，在此可以進行光合作用，將陽光中的能量轉化成生物可以利用的形式。這是一個很關鍵的步驟，海洋的食物網便由此展開，我們熟知的許多較大型的海洋生物就是建構在這樣的網絡中。

不過陸地系統與海洋系統之間有一個明顯的差異，那就是：誰來生產食物？在雨林以及其他的陸地生態系，植物無疑是主要的生產者；在海洋則由微生物一手包辦，細菌和藻類（統稱爲浮游植物）能經由光合作用捕捉陽光中的能量，就像陸地上的植物那樣。浮游植物漂浮在溫暖的海洋表面，隨時都可以取得它們需要的陽光。

◀
由細菌與藻類組成的浮游植物居住在海洋上層的溫暖水域，能行光合作用，把陽光中的能量轉化成生物可以利用的形式，以供其他海洋生物使用，可謂海洋中主要的生產者。

在海洋表面，微生物和大型生物之間也有密切的交互作用，能轉移並循環生長和繁殖所需的物質與能量，使水中世界生機蓬勃。可以確定的是，陸地環境那套微生物與大型生物之間的合作關係，也會出現在海洋生態系中，以確保海洋的生物代代繁衍下去。所以，不論是在我們熟悉的陸地或是陌生的海洋，微生物都扮演著重要的角色，使物質能不斷的循環利用。

尋找海洋細菌SAR11

海中尋寶

美國奧勒岡州立大學的微生物學家喬凡諾尼（Steve Giovannoni）和他的學生正在研究微生物如何支撐起海洋中各種奇特的生態系。他們所發現的海洋微生物SAR11，也許是地球上數量最多的生物，也可能是最小的活細胞之一。

十幾年前，喬凡諾尼就展開這樣的探索。和其他的科學家一樣，他相信地球上種類數量龐大的微生物，絕大多數還有待人們去發現。目前科學家還沒辦法在實驗室培養這些微生物，因爲他們還無法完整的仿造微生物在天然環境中生長所需的營養素以及微生物複雜的群集關係。

喬凡諾尼決定應用他的同僚沛斯（Norman Pace）發展出來的技術做研究。沛斯的方法是利用微生物獨特的DNA序列（DNA是生物的遺傳物質）來辨識各種微生物（參見第130頁）。如此，喬凡諾尼可以直接在天然的環境中複製微生物的DNA分子，加以觀察研究，而無需在實驗室中培養。於是，喬凡諾尼投向大海的懷抱，去從事他

◀
喬凡諾尼和組員在馬尾藻海採集海洋中的微生物樣本，想要尋找神祕的SAR11菌。

的研究工作。

喬凡諾尼第一次看見他要尋覓的寶藏，是在一批從馬尾藻海蒐集到的樣本中。馬尾藻海位在百慕達群島之北，具有典型的大洋條件。就生物學的觀點，那裡的環境很難孕育出豐富的生命，原因之一是生物生長、繁衍所需的營養素含量非常稀少。儘管如此，當喬凡諾尼取一茶匙的馬尾藻海水來檢測時，卻發現樣品中竟蘊藏著數百萬的微生物。

其中有一種微生物的數量至少占了樣品的四分之一。而且這種微生物的基因簽章（genetic signature）和任何已知的微生物都不吻合，因此，喬凡諾尼一組人根據最初發現的地點，將這種微生物命名爲SAR11。自此之後，喬凡諾尼所到的水域，都可以偵測出基因簽章與SAR11相同的微生物。SAR11和它的親屬加總起來，占了海洋中生物質量的四分之一，這恐怕是地球上最蓬勃生長的生物！

▲
喬凡諾尼在發現SAR11時說道：「那種感覺就像我是第一個登陸月球的人！」

世上最小的細菌

你也許好奇這種神祕的微生物在汪洋大海中搞什麼呢？SAR11的數量這麼龐大，勢必在它所生存的複雜群集中扮演著重要的角色。在環環相扣的物質循環中，SAR11究竟參與怎樣的工作，讓營養貧瘠的海洋環境得以出現其他的生物？可惜在發現SAR11的十多年後，這個問題仍然無解。

探針（probe），帶有放射性或其他標記的單股核苷酸序列，當它進行黏附作用而與某段核酸黏接時，便可加以追蹤。

喬凡諾尼和組員倒是發現，SAR11菌似乎頗能適應資源有限的環境。利用特殊設計的基因探針，研究小組在顯微鏡下讓SAR11揭開自己的祕密。他們發現這種世上數量最龐大的生物，也是形體最微小的一種生物。SAR11的大小不到其他海洋微生物大小的一半，直徑只比0.3微米多一點點（1微米＝10^{-6}米）。喬凡諾尼猜測SAR11又小又圓的體形，可以使它的表面積與海水有最大的接觸，藉此多爭取一些已經夠稀少的營養素。

▶
世上最小的細菌？
這個毛絨絨的小光點是首度經證實的SAR11細菌，是放大了上千倍才看得見的小東西。

喬凡諾尼也假設SAR11和藻類存在密切的合作關係。藻類是海洋生態系主要的生產者之一。如果喬凡諾尼的猜想正確，SAR11將是海洋食物網中非常重要的一環。

想要證明自己

◀
喬凡諾尼：「顯然這種微生物有特殊的技能，讓自己占據地球上面積最遼闊的生態系──海洋表面，並在那種環境中成為數量最龐大的生物。」

的假說，喬凡諾尼還有許多工作得做。他最大的挑戰就是誘使SAR11在實驗室的環境中生長，想要進一步了解微生物如何生活，這是最佳的研究策略。如果SAR11確實與藻類之間有密切的合作關係，那麼它將和其他已知的重要環節一起名列對海洋生態系最有貢獻的生產者排行榜。

野生種的微生物難以豢養？

SAR11和其他野生種的細菌一樣，不容易在實驗室中培養。儘管嘗試過各種不同的食物，這小傢伙就是不受誘惑，毫無繁殖的跡象。科學家尚未找出適當的化

水中世界的生物

在我們的眼中，海水就是海水，沒有什麼兩樣。但實際上，水中世界會隨著地理環境的不同而大有文章哩，就像我們熟悉的陸地環境，不同的地區都有不同的變化。就像草原與高山上的生物各有自己的特色一般，不同海洋裡的生物分布情形也都自成一個格局，

學、物理因子來重建它們的自然棲地，可見這種微生物的生存與周遭環境之間存在著多麼複雜的交互作用啊！

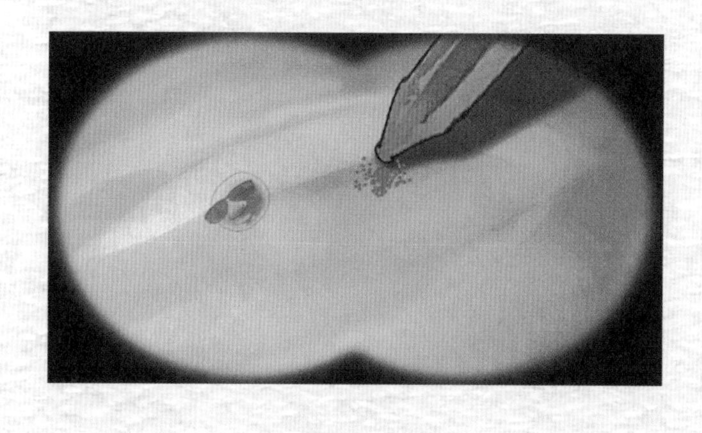

這並不令人奇怪。研究海洋生態系倒是讓我們驚訝的發現，裡面究竟是誰在餵養誰。

來看看在溫暖淺海中的珊瑚礁。那裡是水底下物種豐富的小島嶼，大家彼此相依共存，有色彩鮮豔的魚群穿梭，也有螃蟹、海鰻藏匿其中，各式各樣的海綿、海葵也來湊熱鬧，把奇形怪狀的珊瑚礁點綴得五彩繽紛。

這樣生機盎然的景象恰與大多數一望無際的貧瘠海域形成強烈

▲
珊瑚礁群集中，許多居民與牠們的微生物合夥人互換著生長所需的物質。

的對比，在其他海域，海水中的營養物質寥寥無幾，無法撐起如此繁盛的群集。

珊瑚蟲與藻類共存共榮

整個珊瑚礁是靠著微生物的幫忙，才能發展成一片欣欣向榮的景象，甚至連珊瑚礁的結構與特徵也是微生物與動物合作的產物。珊瑚是由叫做珊瑚蟲的小動物群聚形成的，珊瑚蟲具有堅硬、鈣化的外骨骼，隨著珊瑚蟲的生長、繁衍，這些外骨骼會不斷堆積，形成一般我們看到的樹枝狀珊瑚外形。

珊瑚蟲的生存需要仰賴一種定居在牠們組織中的特殊藻類，兩者形成共生關係，缺一不可。藻類行光合作用，生產食物給珊瑚蟲，而珊瑚蟲能排出氨這種代謝廢物，供給藻類生長之需。甚至，珊瑚蟲在形成堅硬的外骨骼時，也得仰賴藻類從海水中移來二氧化碳，才能造就碳酸鈣的沈積。

珊瑚礁裡盡是這樣的共生關係，在某些蚌類、海葵、海扇、海綿的組織中，都含有能行光合作用的藻類或藍綠細菌。這些動物甚至還會移動到最佳的位置，好讓它們的合夥人可以接收到更多的陽光，使光合作用更有效率的進行，以製造更多的食物。這種互利共生的關係十分重要，要是當中碳、氮、磷、氫的交換機制受阻，整個珊瑚礁群集的健康將受到嚴重的威脅。

在珊瑚礁群集裡，所有居民不斷的交換各式各樣的物質與能量。這些物質交換多少都與那裡形形色色的微生物居民有著密不可分的關連，這些微生物猶如馬達一般辛勤的驅動著物質的循環。

珊瑚的悲歌

想要揭示微生物對珊瑚的重大貢獻，最直接有力的方式莫過於透過水底攝影機來觀看。珊瑚是海底最耀眼的明星之一，牠們的色彩鮮麗多變，從粉綠色到螢光紫，真是美不勝收。珊瑚的顏色主要是來自居住在牠們細胞中的藻類。

不過，當珊瑚遇到逆境時，會將體內微小的共生藻類驅逐出去，留下珊瑚半透明的軀體，也露出慘白色的石灰質骨幹。失去藻類的珊瑚等於沒有人餵食的動物，於是珊瑚進入挨餓的階段，無法再生長或繁殖。如果這種現象無法回轉，珊瑚終將死亡。沒有生命的珊瑚會變得蒼白無色，好像被漂白水浸泡過一樣，因此科學家稱之為「珊瑚白化」(coral bleaching)現象。

許多對珊瑚不利的狀況都會引發珊瑚白化，包括海洋的溫度過冷或過熱、鹽分濃度過高或過低、陽光太強或太弱、以及懸浮物過量。當不利的條件移除後，藻類又回來了，挨得過飢荒的珊瑚又開始蓬勃生長。

珊瑚礁拉警報

海洋學家觀察到珊瑚白化現象已將近一世紀之久，不過在1980年代之前，珊瑚白化的分布範圍與出現時間都很有限。1980年代之後，珊瑚白化的範圍急遽擴大，原本是受到局部條件變化而產生的小面積受損，竟然蔓延到一大片海洋，涵蓋了數千公里的水域。這種大災變事件拉響了警報器，讓全球的珊瑚礁生物學家正視問題的嚴重性。

科學家從實驗室的研究知道，珊瑚對溫度變化極其敏感，他們懷疑溫度正是引起珊瑚死亡的重要因素。不久這樣的懷疑得到證實了。引發全球各地大規模珊瑚白化現象唯一共同的因子就是──海水溫度過高。只要海水表面溫度比一年中最溫暖季節的平均溫度高過攝氏一度或更多，珊瑚就會吐出體內的共生藻，並轉為慘白色。根據這些觀察，科學家擔心珊瑚礁恐怕是最易受溫度變化影響的生態系，因此珊瑚白化也許是觀察全球增溫的前哨站。

近年來，另一種與海洋暖化有關的現象也正威脅著全球的珊瑚礁。一些不知名的細菌、眞菌和病毒似乎也開始攻擊珊瑚，這情況甚至發生在最純淨的水域。1997年1月，珊瑚科學家發現，在西印度群島的波納爾島周邊，有一種疾病正以每天數英寸的速度迅速破壞珊瑚塊。從此，科學家在墨西哥、阿魯巴島、古拉索島、千里達、托貝哥島、格瑞那達、維爾京群島等地都發現這種疾病，肆虐的範圍橫跨了三千多公里。

更可怕的是，這種發生在加勒比海域的消耗性疾病，只是目前已知的珊瑚病害中的一種而已，全球各地陸續出現各種攻擊珊瑚的疾病。科學家實在不解珊瑚礁爲何會爆發這些災情，但更多人擔心，我們正在見證海水增溫的後遺症，使珊瑚以及牠們支撐起來的珊瑚礁生態系變得格外脆弱敏感，動輒生病死亡，和從前的健康情形大不同。

◀ 當海水溫度上升時，珊瑚體內供應食物的共生藻會被迫離開珊瑚，引發珊瑚白化的現象。

公元兩千年末，全球近乎10%的珊瑚已死亡。如果照這個趨勢走下去，全球還會繼續損失10%至20%的珊瑚礁。別以爲這樣的折損不算什麼，殊不知珊瑚礁支撐著龐大的魚群數量，提供人類及其他海洋居民豐富的食物來源。

洛夫洛克（James Lovelock, 1919-），英國科學獨行俠，「蓋婭」理論創始人，1969年首次提出這項假說，認爲地球是活生生的，能夠自我調控環境。著有《蓋婭，大地之母》、《后土》等書。

微生物、硫、雲和氣候的故事

現在連微生物學家都驚訝的發現，微生物竟能主導地球溫度的暖化或冷卻。這個故事也提醒人們，微生物雖然渺小，但它們集合起來的力量卻足以引發全球的大變化。

這個故事要從1970年代初期説起，那時知名的生物學家暨地球生態學家洛夫洛克發現，微生物和硫元素之間存在一種重要的連結（硫是另一種生命必需的元素）。和其他科學家一樣，洛夫洛克知道每年有數百萬噸的硫從陸地沖刷到海洋。他認為自然界中勢必存在一種機制可以讓硫重返大氣，好讓陸地的生物能再度利用這種元素。

洛夫洛克和其他的研究者發現，海洋中的藻類會製造一種含硫的化合物，叫做二甲基硫（dimethyl sulfide，簡稱DMS）。二甲基硫是藻類的代謝廢物，會以氣體的形式釋放到大氣中。在貧瘠如沙漠般的汪洋大海中，這珊瑚礁也蘊藏著高度的生物多樣性，裡面的物種有些具有開發新藥的潛力，或是能生產其他具有商業價值的產品。珊瑚礁的毀滅會減低地球上的物種多樣性，也警告人類全球環境正經歷空前的變化。

種代謝廢物的存在尤其明顯，即使在靠近陸地的區域，我們也嗅得到這種來自海上的氣味。一旦二甲基硫重返大氣，它會與氧氣結合成硫酸顆粒，漂浮到陸地上方，再由陸地生態系捕捉利用。

這樣的硫循環和雲層、氣候有什麼關係呢？我們知道，地球的溫度決定於它吸收了多少來自太陽的熱，以及把多少的熱能反射回外太空。深色的表面比較會吸熱（試想一輛黑色的汽車曝曬在太陽下是不是很快就變熱了），淺色的表面比較會散熱。就地球而言，深色的表面包括海洋與森林，淺色的表面則包括冰帽、雪地、以及雲層。

當蒸散到大氣中的水氣凝結在小顆粒上，就會形成雲層。這些小顆粒叫做凝結核（condensation nucleus），而硫酸顆粒正是絕佳的凝結核。雲層對地球有一個極重要的功能，它形成反射屏障，把過多的熱能反射回外太空，使地球的溫度不至於過高。

現在我們要切入最有趣的部分。當太陽照射到海平面使水溫上升，將導致藻類急速的繁殖。暴增的藻類促使大量的二甲基硫釋放到大氣中，二甲基硫遇上氧氣後，迅速的氧化成硫酸。硫酸幫助凝結核形成，使雲層漸漸堆積。雲層能把海洋表面的熱能反射出大氣層，使海水的溫度下降。因此，又減緩藻類的生長速率，進而減少二甲基硫的釋放，連帶的減少雲層的覆蓋面積。

如此完成一次平衡地球溫度的循環，而微生物正好在循環中扮演重要的一角。

微生物如何影響氣候

在沒有雲層的地方，太陽直射海洋表面，使水溫上升，導致海藻大量繁殖。

數量遽增的藻類釋出許多二甲基硫到大氣中，促進雲層的形成……

雲層為海水遮陽，使水溫下降，減緩藻類繁殖速率，進而減少二甲基硫的釋出。

隨著二甲基硫的減少，雲層也逐漸消散，海洋又被太陽增溫，開始一個新的循環。

深海溝裡的生命

▲
探測潛艇「ALVIN號」的燈光照在堆積如塔的結晶礦物質上，這是由海平面下三公里深的海底火山口噴出來的。

人類對於探測未知境地的熱情，促使人們將足跡延伸到世界最高的山峰以及最深的海溝。不過，在最深的海底還是有一些挑戰是最高的山上所沒有的。海平面下三千多公尺深的地方，水壓極大，完全沒有陽光，溫度低到冰點。很少有生物可以到得了這麼深的地方，那裡的環境條件幾乎不可能維持任何生命。於是科學家認爲，深海底應該是一片荒涼死寂之地。

1970年代，兩位來自伍茲霍爾海洋研究所（Woods Hole Oceanographic Institute）的勇敢探險者總算抵達了深海底，他們駕駛的是一艘經過特殊設計、能承受深海壓力的「ALVIN號」小型潛水艇。兩位探險者的目的是要探勘一個深海熱泉噴孔，那裡能噴出地熱加溫過的熱水。

海底大驚奇

在深海底層等候探險者的竟是意外的大發現。他們看到前所未見的生物世界在熱泉噴孔周圍蓬勃發展，巨大的管蟲、獨特的蚌類、貽貝、蝦子，當然還有少不了的微生物，都聚集在一起，布滿了海底每一寸可以占據的地方，交織成一個豐富、奇特的群集。

當時，沒有人可以解釋這樣的群集憑什麼能夠存在。沒有陽光，也沒有養分。所有當時已知的生態系都是仰賴行光合作用的微生物與植物，將整個食物網架構起來的。但是在距離海平面那麼遠的深處，光合作用無法進行，生命卻照樣在熱泉噴孔的周圍昌盛繁榮。眞是令人難以置信的發現！

殊不知，另一個大驚奇正等待著探測深海的科學家。

海底熱泉噴孔的生態系

海底從中洋脊向外擴張時，會形成裂縫，導致海水由縫隙滲入地殼中，與高溫的玄武岩接觸。海水加溫後，會淋溶岩石中的各種礦物質。稍後，含帶大量礦物質的海水再經由熱泉噴孔噴出。經過這樣循環的海水，溫度超高，且缺乏氧氣。

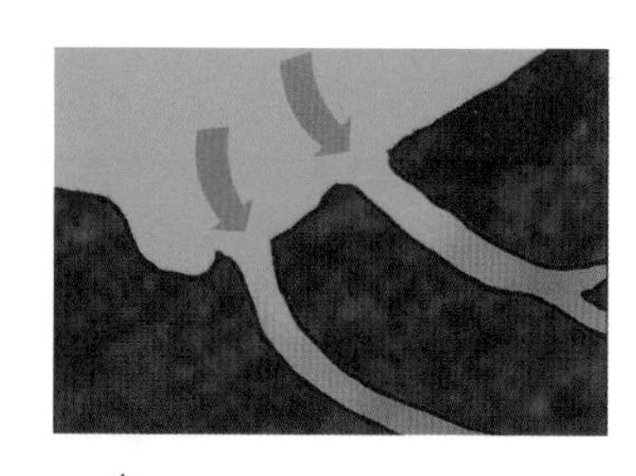

▲
地震造成海底下的地殼移動，產生一些裂縫。海水便由裂縫滲入地殼中……

從熱泉噴孔冒出來的海水有一些特徵。由於地心的溫度極高，所以到那裡走一遭的海水，溫度可高達350℃至400℃，遠遠超過水的沸點。再者，噴孔裡的熱水夾帶許多礦物質，例如鐵、銅、錳、硫化鋅，在遇到上層的冷水時會產生沈澱，造成噴孔周圍一片煙霧翻騰的景象。

呼吸「硫」的微生物

這種首度由伍茲霍爾海洋研究所的科學家發現的生態系，分布在深海的熱泉噴孔周圍。支撐這些生態系的能量與元素幾乎完全來自海水與溶解在其中的礦物質。深海熱泉之所以有生命，是因爲那裡的微生物「呼吸」的是硫，它們捕捉硫化氫化學鍵裡的能量（類似植物捕捉陽光中的能量），並藉此將溶解在水中的二氧化碳轉化成食物，供給群集中的其他生物享用。

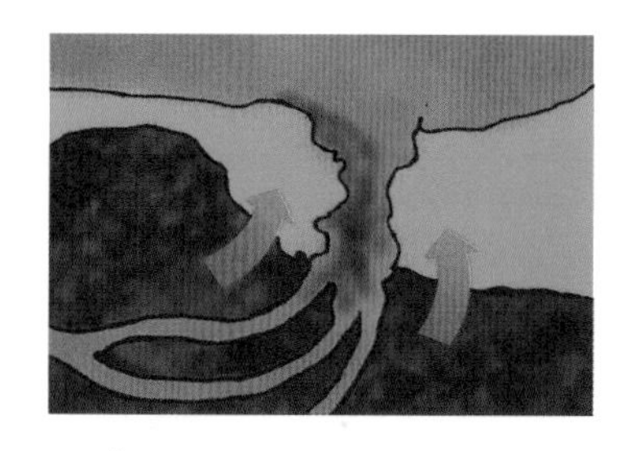

▲
海水在地殼中加熱，並淋溶了許多礦物質，在噴發時一起夾帶出來。

在這深海生態系中，微生物和較大型的生物之間也存在新的關係。在某些情況中，較大型的生物乾脆直接啃食這些吸硫的微生物，就好像牛群、羊群在牧場上吃草那樣。因此，這些微生物變成

▶
微生物從礦物質中汲取能量，藉以將二氧化碳轉化成細胞的構造物。最後，微生物再被較大型的生物當做食物吃掉。

食物給吞噬掉，直接將營養與能量傳給其他生物。

在另一些情況中，這些微生物和其他較大型生物之間存在一種非常親密的合作關係，幾乎已經成爲較大型生物體的一部分，負責幫牠們製造建材與能量。巨型管蟲（giant tube worm）就是一例，牠們附著在海底深處，害羞的縮在堅硬的白色外鞘裡。儘管科學家無法在熱泉噴孔之外的地方繁殖巨型管蟲，他們倒是能夠拼湊出這種生物不尋常生活模式裡的一些面貌。

巨型管蟲與細菌的共生關係

海底巨星

巨型管蟲的生命之初是一種微小、可自由移動的幼蟲，具有一條消化道。幼蟲靠著海底噴孔附近的微生物維生，牠們能捕捉一些

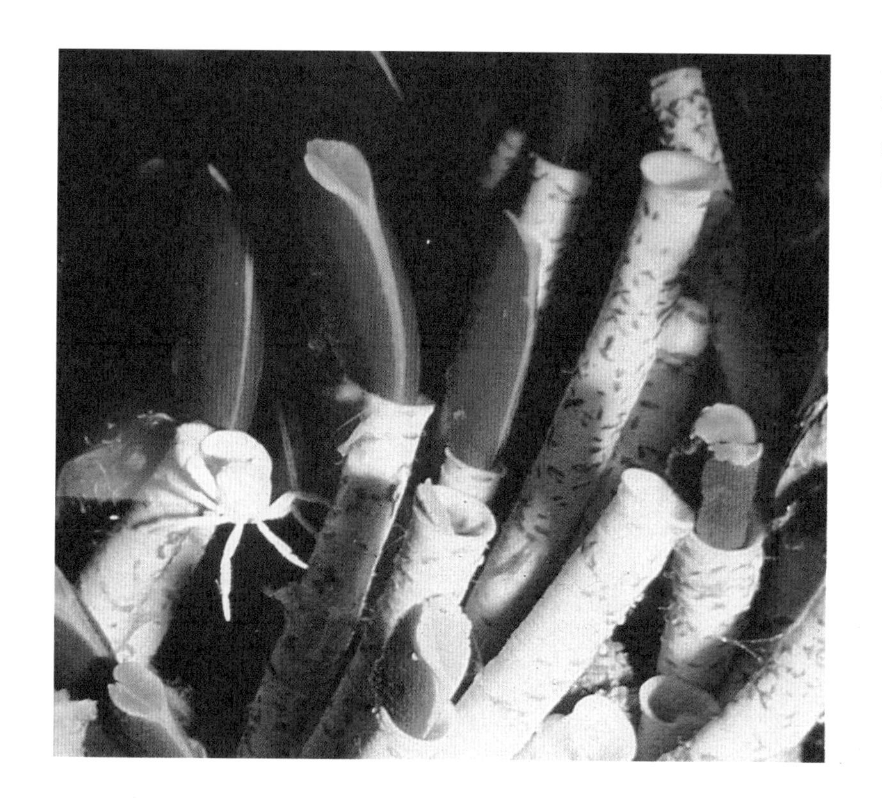

◀
在不見天日的深海世界，巨型管蟲和其他生物都仰賴微生物從富含礦物質的海水汲取能量維生。

微生物到體內，日後成為管蟲組織的重要部分。幼蟲進入青春期階段後，便將自己固定在海底，逐漸發育為成熟的管蟲。

優雅的管蟲成蟲是海底熱泉噴孔生態系的主角之一，牠們的身軀可以長到二公尺，體外有一個堅硬的白色管狀物，遇到掠食者來襲時，身軀可以縮入管中，自我保護。

在管頂招搖的血紅色羽狀物是管蟲的鰓，那鮮豔的紅色是來自一種獨特的血紅素分子，類似人體紅血球中的血紅素，但有一點很大的差異：管蟲的血紅素會捕捉硫化氫、氧以及二氧化碳，運送到管蟲的組織內。（如果我們吸入這種高濃度的硫化氫，它將緊緊的與我們紅血球中的血紅素結合，使氧氣沒有機會與血紅素結合，這樣我們很快會窒息而死。）

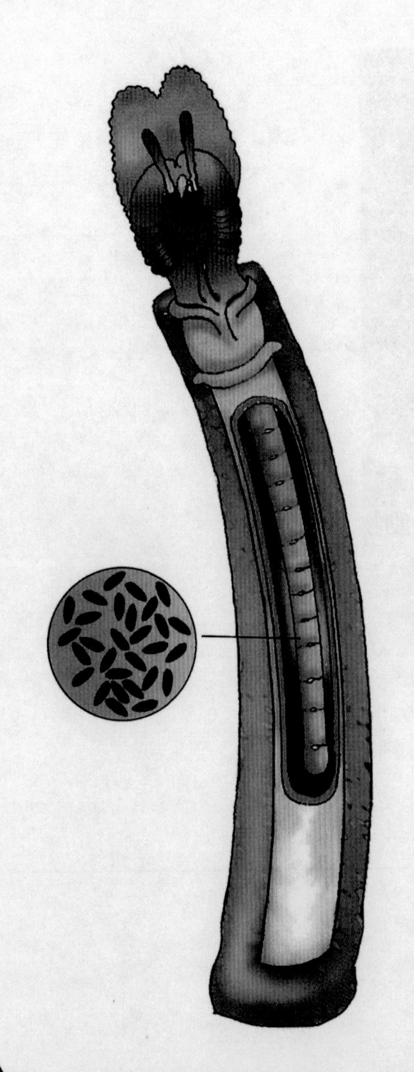

▲
管蟲能從海水中捕捉硫化氫、氧氣、二氧化碳，並供給細菌一個足以安居樂業的家；細菌則將簡單的化學物質轉化成食物，供養管蟲寄主，也給自己食用。

自給自足

管蟲在成熟時會發生一種奇異的轉變，牠們的消化道會消失，從嘴巴到肛門的整個消化管都不見了。管蟲把自己完全封閉起來，不再捕食微生物。

沒有嘴巴的管蟲要如何存活下去呢？原來這時管蟲有一半以上的組織都含有一些特化的細菌，這些細菌能從周遭海水中的硫化氫汲取能量，並利用這能量將二氧化碳結合成細菌與管蟲寄主都能利用的化合物，當做食物的來源。管蟲因此能夠完全依賴這群寄生在組織中的微生物維生。

當然管蟲也不是白吃白喝的傢伙，它提供充足的硫化氫、氧氣、二氧化碳給細菌，讓細菌生產適量的食物，並提供細菌一個安全的居所，讓它們安心工作。管蟲還會把含氮的廢物轉送給細菌，讓它們有現成的氮源，以便建構細胞。

同樣在熱泉噴孔生態系繁衍不息的巨型蚌類、貽貝，也與吸硫菌有類似的關係。這些深海底下的合作關係很像珊瑚礁群集中的共生關係，但有一點很大的不同是，支撐熱泉噴孔生態系的能量是源自硫化氫，這是一種大多數生物都覺得毒性超強的化合物！

大自然的自我療傷

微生物創造奇蹟

1989年3月，超級油輪艾克森．瓦德茲號（Exxon Valdez）在阿拉斯加的威廉王子海峽擱淺，並發生漏油事件，超過一千一百萬加侖的原油就這樣流進純淨的阿拉斯加海域，汙染了超過一千六百公里的海岸線，堪稱北美洲有史以來最嚴重的漏油事件。

一時間，許多志工和專家紛紛從各地趕來搶救當地的野生動物及海岸線生態。他們極力清除海水中的汙油，並要求油輪公司負起賠償及環境道德的責任。但一切還是太遲了，清理行動徒勞無功，海水已經嚴重汙染。這些有害的黑油總共造成超過二十五萬隻的水鳥死亡，也奪走二千隻海獺、三百隻海豹、以及二百五十隻禿鷹的性命。同時，漏油事件爲當地的捕魚場帶來巨變，使那裡的漁民生計不保。

▲
一場生態悲劇
艾克森．瓦德茲號油輪在純淨的阿拉斯加海域擱淺，造成千萬加侖的原油外漏，嚴重汙染海灣一帶的生態環境。

然而，幾個星期後，奇怪的事情發生了。那時，潛水人員潛入冰冷的海水中去檢查受損的貯油艙，並爲拖船做一些事前的準備工作。但他們十分驚訝的發現，流入破損的貯油艙的海水中，竟然出現許多海洋生物，像是水母、甲殼類、軟體動物，鯡魚、鮭魚也來回穿梭其中，四周更是布滿了微生物、海蟲和藻類。沒想到先前用來裝石油的船艙竟變成一個生機盎然的生態系，成爲許多生物的新家。

其實，這個例子所揭示的是地球本身具有自我療傷的驚人能力，即便是面臨像漏油這種大規模的傷害，地球也自有一套辦法。天然的微生物遇到這場突如其來的碳氫化合物饗宴，都像雨後春筍般蓬勃生長，原本數量稀少的細菌，一下子暴增許多倍。它們盡情享用「可口」的石油，把有毒物質轉變成建構細胞的材料，讓石油裡的成分最後能以無害的形式進入食物網。基本上，這群細菌所做的，是人類拚命搶救也無法達成的目標，它們卻輕易辦到了，真不愧是幫助災變環境回復自然平衡的小尖兵。

與細菌攜手終結油汙

我們從這場災難學到許多教訓，其中一項重要的啓發是，生物系統懂得回復遭破壞的環境，這是自然界所具有的韌性。儘管很多人辯稱，漏油事件仍給環境留下許多後遺症，但微生物將石油汙染

▶
在石油汙染的海岸噴灑含氮物質，可以促進吃石油細菌的生長，利用這種方式來清除油汙，竟比使用化學溶劑來清理還有效率。

的慘況轉變成一個欣欣向榮的生態系，卻是不爭的事實。

專家還發現，人類能插手的最大貢獻，並不是花很多力氣去清理海岸的汙油或幫野生動物清洗獸皮、羽毛，而是提供重要的營養元素，例如氮，給細菌的石油大餐加菜。這些細菌唯有在各種必要元素都充足的條件下，才能順利將黑黑髒髒的石油轉化成各種有機分子，供它們的細胞使用。就在專家為細菌施肥、加料之後，每隻細菌都能在石油大餐中大快朵頤。結果，移除汙油的速率竟激增了五倍。

由於人類與細菌的合作，使原來預計要花10到20年才能恢復的環境，縮短到2至3年之間就達成了。這種策略從此變成漏油事件的處理辦法之一。去威廉王子海峽旅遊的遊客都很驚訝，當地的環境竟可以回歸原來的美景。雖然這次事件對生態的長期影響還有待評估，但顯然生物不僅可以繼續在阿拉斯加的野地生存，更能夠代代繁衍下去。

不過人類不應該因為這樣的經驗而沾沾自喜，以為靠著人類的力量就可以主宰地球的命運。當今，人類為所欲為的燃燒石油；開闢草原、砍伐森林，把原野變成水泥、柏油的都市，以及擅自截斷天然資源，減緩它們的循環速率。這種種違反自然的活動，在在告誡人們不要掉以輕心，畢竟我們不知道地球自癒能力的底限在哪裡。

威廉王子海峽的漏油事件也明白的告訴我們，對於人類愚行所鑄下的後果，微生物不啻是一種寶貴的補救之道。

所有生態系的總和

雖然每個生態系都展現出驚人的特質，但貫穿其中的共通點，不外是微生物與各生態系中特有生物之間大規模的食物與能量的交換，因此把每個生態系加總起來觀看，也是不容我們忽略的角度。

地球上每個生態系，從冰冷的凍原與高山，到溫帶森林、熱帶雨林、草原、沙漠、沼澤、海岸、乃至深海，儘管差異很大，然而每個生態系都不是遺世獨立的，它們各自有一套運作的模式，共同來維護自然界的平衡。地球上之所以出現各式各樣的生命，有賴於各生態系所貢獻的特殊生存條件。因此，每個生態系與其他生態系之間終究是彼此相關的。

微生物牽動地球的動態平衡

每一種理化環境都會篩選居住在裡面的生物，但是群集中的各種生物也可藉由交互作用來影響環境。我們不妨把地球看做是一個持續演化的系統，裡頭的環境與生物彼此互相作用，不斷的產生新的變化，爲地球創造出一種動態的平衡。

了解這種複雜的平衡如何形成與維持，對人類的未來極其重要。地球45億年的地質歷史，彰顯了生物與環境之間的作用力可以帶來大規模的改變。同樣清楚可見的是，我們目前從事的各種活動也正影響著全球環境的變遷，這種影響恐怕最終也把人類自己的福祉葬送掉。

生物圈二號的失敗經驗，點出了我們對於地球如何維持動態平

衡，是多麼的無知。人類之所以無法創造一個自給自足的環境，原因很多，但是值得注意的是，即便是大型的動植物都死光光，微生物依然能在地球上持續的繁殖、演化下去。

現在科學家總算開始探究地球的理化環境與微生物活動的關連，儘管只是初步的研究，但已經有很多驚人的發現，也點出了一些值得探討的課題。想要了解地球怎麼生生不息的運作，絕不可忽略微生物居中所扮演的重要角色，我們需要仰賴它們的地方，遠超過它們對我們的需求。微生物小歸小，但集合起來的力量不可小覷，能帶來極大的改變，包括導致地球溫度上升或冷卻。

你想要了解這個世界如何運作嗎？先來了解微生物的世界再說吧！

網絡

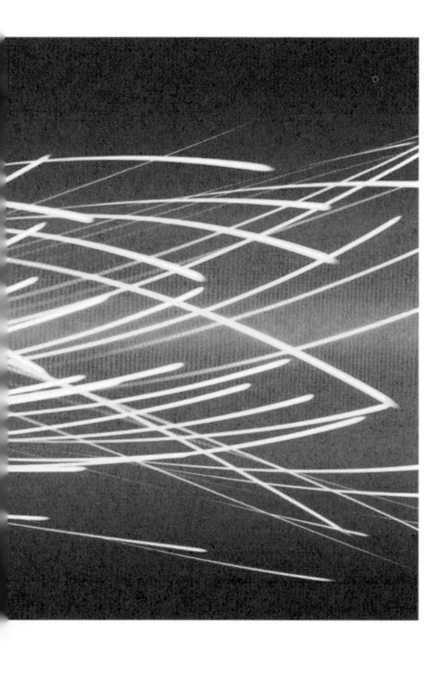

第二篇
生命的大樹

在自然界的一切事物中，
總有讓我們驚奇的東西。

—— 亞里斯多德

複雜

追本溯源

每個人多少都會好奇自己的族譜，一代一代的向源頭追溯回去，想了解自己的根源從哪裡來，看看誰和我們有著共同的祖先。雖然我們是根據出生的資料來建立族譜，但我們也可以從某些外觀特徵中找出與親戚及祖先的關連。例如，你的頭髮可能和姑姑的頭髮一樣又黑又捲，眼睛可能和她一樣是棕色的，或是你可能和曾祖父一樣有直挺的鼻子。

如果我們有辦法從族譜上一直追蹤回地球生命的起源，你可以想像這中間要穿越多麼遙遠的尋根旅程嗎？就算回到生命的起點，你可以想像在那裡會遇見什麼嗎？你能因此發現什麼生命的祕密嗎？

先別扯那麼遠，撇開家族親戚的各成員，去看看你的左鄰右舍，你會發現你和他們也是相關的，都有一些共同的外在特徵。好比說，我們都是直立行走，大拇指都可以轉過來與其他手指接觸，體毛都極少。再看看你家裡養的貓，一看就知道你和牠不像你和鄰居那樣相似。

觀察外觀上基本的相似與相異，其實是我們爲周遭生物分門別類的第一步。植物和動物顯然是不同的東西，魚和狗也大不同；甲蟲比較像蚱蜢，與鳥類的差別較大。在早期的文字記載中，人類已經能根據生物的外觀把它們分成不同的類別。二千多年前，亞里斯多德把生物世界區分成兩大類：一類是植物，另一類是動物。他把生物從最複雜的神靈到最簡單、低等的生物依序排列出來。

亞里斯多德（Aristotle, 西元前384-322），古希臘哲學家、科學家，柏拉圖的學生。

從亞里斯多德的年代一直到18世紀，人們相信所有的生物在地球形成之初就已經存在了，幾千年以前的生物和後來存在的生物沒

兩樣，所有的生物只是單純的代代繁衍下來。從沒有人想過，有些生物可能曾經存在，後來又消失了。因此前面說要一步一步追溯族譜的根源，去探尋所有生物的共同祖先，根本是人們想都沒想過的事。

我們常常會思考生命的起源以及人類怎樣出現的問題，也編了許多代代相傳的故事在民間流傳。關於這些古早的傳説，有些是根據宗教哲學而來，有些是根據先人的觀察。然而，隨著科學的進步，提升了研究者觀察的能力，加上化石的發現與解讀，舊時代所建立的生命大樹開始動搖，取而代之的是新觀念下所誕生的大樹。

現在，科學家還能夠直接觀察生命的遺傳訊息——DNA，並利用DNA來建立另一棵新的生命之樹，又再度改變了我們對生物相關性的了解。由於研究工具愈來愈進步，我們甚至在自己所屬的樹枝上發現最早期祖先的基因足跡，它們是今日所有生物的共同根源——遠古的細菌。遺傳學的先進技術正逐步解開生命起源之謎，讓我們知道所有的生物都源自同一祖先，也幫助我們眺望未來生命世界的發展。

撼動生命的大樹

古老不變的生命大樹，原本一直昂然屹立在人們心中，然而到了18世紀至19世紀初期，由於地質學的崛起，加上古生物學家逐漸了解化石的來由，這株舊時代的生命大樹便開始動搖。地球的實際年齡比當時人們想像的還古老，而且曾經歷過許多變動。

化石的研究讓我們了解到，化石是過去生物所留下來的石化遺骸，其中有一些化石已無現存的子孫後裔，顯然是滅絕了。當科學家開始把地質紀錄與化石紀錄相比對之後，逐漸把從前那套觀念推翻，由新的典範取代，也就是：地球本身與地球上的生命形式不是亙古不變的，在漫長的歲月中，它們不斷的發生改變。各種生命形式，無論是現存的或是絕跡的，都應在具有共同祖先的生命大樹上占有一席之地。於是科學家顛覆過去的觀察與想像，著手建立新的生命之樹。

改變世界的觀點

19世紀中期，達爾文和華萊士不約而同的埋首於演化理論的研究，並提出了天擇（natural selection）理論，用來闡釋生物隨著時間而發生改變的原理。達爾文和華萊士都是生物學家，他們熱中於採集動植物，也都有敏銳的觀察力。雖然各自做研究，兩人卻得出相同的結論，從此改變了人們對生物世界的觀點。他們的觀念可以整理成下面幾點：

達爾文（Charles Darwin, 1809-1882），英國博物學家。1831年搭英國海軍艦艇「小獵犬號」出海調查5年，孕育出「天擇」演化思想。

華萊士（Alfred Russel Wallace, 1823-1913），英國博物學家。1848年曾赴亞馬遜流域進行博物學調查，1854年赴馬來群島調查8年。1858年與達爾文共同發表一篇談變異傾向的論文。

▶
當科學家逐漸了解地球古老的年齡與持續變動的特性，以及化石所代表的意義之後，先前人們對於生命起源的觀點開始動搖。新興的生命大樹將重新展示生物之間的相關性。

- 生命有一個共同的起源；新的生命形式皆從較早的生命形式中分枝出來。
- 族群中的個體會出現隨機變異，而且個體間的差異會持續的隨機發生。
- 在不斷變化的環境中，個體必須競爭求生存的壓力導致「有利性狀的選擇」。擁有適應環境的性狀的個體將存活下來，並繼續將該性狀遺傳給後代。其他不具這種性狀的個體便遭到淘汰。
- 儘管每一次的適應都是一個小變化，但是有利性狀的累積性選擇，長時間下來，將逐漸導致不同的生命形式，終將導致新物種的誕生。

1930年代，科學家研究現存生物的解剖構造、地球的地質資料、以及化石紀錄與遺傳學，確立了達爾文和華萊士的演化理論。到了1950年代，科學家開始從分子的層次研究生命。新的研究方式奠定了演化理論的基礎，同時把我們的認知延伸到前所未見的疆域——一個肉眼看不見的微生物世界。

演化論引爆一場觀念革命

達爾文的演化論可說在古生物學界引爆了一場革命。在達爾文之前，亞里斯多德和其他的觀察者曾畫了一棵大樹，井然有序的把現存的生物依照外觀的相似性，安排在各個分枝上，顯示出各種生物間的相關性。在達爾文之後，這株大樹上的各枝條轉為代表經由演化過程所產生的後裔。化石的發現更是為我們的演化之旅樹立了里程碑。

失落的環節

不過化石的紀錄也存在一些問題。化石紀錄是靠生物的堅硬組織保存下來的，例如甲殼、骨骼等。最早的三葉蟲化石可以追溯到6、7億年前。三葉蟲是一種很複雜的生物，不可能無中生有。根據演化理論，我們知道簡單的生物通常出現在複雜的生物之前，所以在三葉蟲出現之前，一定還有更簡單的祖先存在過，只是也許那些祖先沒有堅硬的組織，無從留下化石的證據，供後人探索。

地球本身的歷史有45億年之久，因此在早期地球形成之初，到最早的三葉蟲化石所記載的年代之間，還需經歷一段漫長的歲月，這中間勢必有其他的生命形式存在過。

在化石紀錄中，微生物的世界似乎完全缺席了。先前的科學家確實在生命的大樹上爲細菌、眞菌與藻類保留了一些枝條，但他們不知道該如何評估這些微生物的演化史，以及它們彼此之間或和其他生物之間有什麼相關性。由於細菌、眞菌、藻類看起來都很相

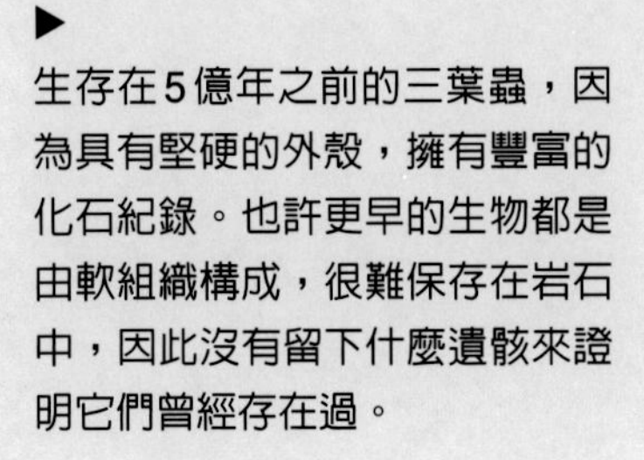

▶
生存在5億年之前的三葉蟲，因為具有堅硬的外殼，擁有豐富的化石紀錄。也許更早的生物都是由軟組織構成，很難保存在岩石中，因此沒有留下什麼遺骸來證明它們曾經存在過。

似，因此很難用傳統分類法所根據的外觀特徵來區分。可以說在1960年代以前，我們還不知道該如何將這些微生物妥善的安排在生命的大樹上。

枝條間的血緣關係

達爾文的生命大樹是根據「所有的生命都有一個共同的起源」來建構的，這株大樹可用來顯示各種生物之間的血緣親疏。每個枝條都代表一個演化途徑，從早期的生命形式到晚期的生命形式，逐步的分岔下去。每一個枝條的末梢代表現存的各種生物，枝條的長短象徵演化的時間與物種間的相關性；連接兩物種的枝條愈短，表示這兩種生物的血緣愈近，看起來也比較相像。兩枝條會合(分岔)的地方，表示兩物種的共同祖先。

以老虎、獅子和野狼為例：老虎和獅子彼此相像的程度大於牠們個別與野狼的相似度。根據解剖構造與化石紀錄，我們知道老虎、獅子與野狼皆源自同一祖先，因此我們把牠們擺在鄰近的枝條上，且有一個共同的分岔點。由於老虎和獅子血緣更接近，牠們在三者的共同祖先之後，又經過一段時間才分岔開來，因此我們把老虎和獅子擺在相鄰的枝條上，表示牠們源自同一個較晚期的分岔點。

生命大樹再添30億年吧！

一直到1965年，科學家從20億年前形成的岩石中發現單細胞微生物的化石遺骸後，演化學界總算出現重大的突破。許多專家紛紛展開地毯式的搜尋行動，北從格陵蘭，南到非洲，他們在各個已知最古老的岩層中找尋細菌化石的蹤跡。在大家爭相尋寶的情況下，愈來愈多早期微生物的化石證據讓人發現了。

35億年前的微生物

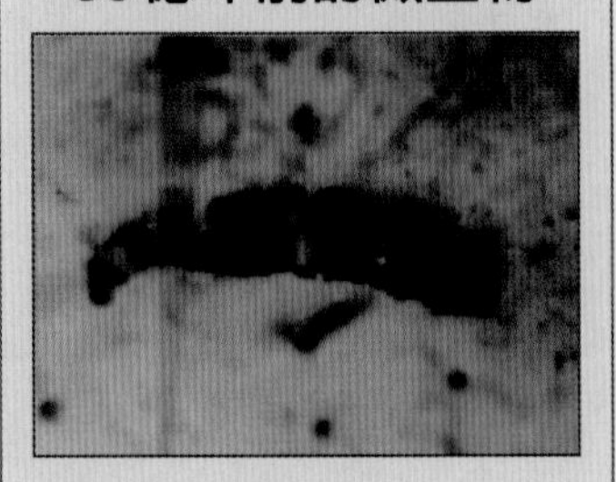

身分：化石

住所：澳洲西部的 Apex Chert

嗜好：閃避具有殺傷力的紫外線

活動：這種微生物也許是光合細菌的早期祖先，生存在寬闊淺水的海域。科學家懷疑這種細菌已具有部分光合作用的能力。

最古早的微生物化石

索普夫（J. William Schopf）是美國加州大學洛杉磯分校知名的古生物學家，他擁有當今最古老的化石資料。索普夫和同僚在澳洲西部的岩石中發現微生物的化石，那裡的岩石形成已有35億年的歷史。這樣遙遠的年代已經夠驚人了，但是他們所發現的微生物形式更是非比尋常，不是我們想像中的簡單樣子。索普夫帶領的小組至少從岩石中發現11種不同的微生物，其中有6種非常類似現存的一群複雜的微生物，叫做——藍綠細菌。

我們已知演化是緩慢發生的過程，因此索普夫在化石中發現的那麼多種複雜的古早微生物，似乎不可能在短期間內演化出來。科學家對此的解釋是，在這群35億年前存在的微生物之前，一定還有更原始的生命形式存在著。

發現這麼遠古的微生物化石，顯示出幾點重要的意義。

首先，這些微生物勢必能在最惡劣的環境中生存繁衍。根據地質紀錄，我們可以想見遠古的地球上是一片熱氣蒸騰的畫面，當時的地球溫度比現在還高出許多，近乎水的沸點。當時的大氣中也缺乏氧氣，並且含有各種對我們有毒的氣體，包括甲烷、二氧化碳、氮氣、氨氣。

再者，由於微生物是地球上最初的生命形式，事實上，地球最初的30億年間（甚至更久），都是微生物盤據的世界，因此之後出現的各種生物，包括所有的動植物、昆蟲、以及其他微生物，都是從原始的單細胞微生物演化出來的。在地球漫長的歷史中，這些後生之輩算是相當新進的成員。

現今世界裡所有肉眼可見的成員，包括28萬種動物、25萬種植物、以及75萬種昆蟲，都是從單細胞微生物那裡演化出來的。這種說法可能讓很多人感到震驚。然而，存在於各式各樣生物背後的是所有生命的一致性，正是這種一致性把肉眼可見與不可見的世界締結成一株統一的生命大樹。

藍綠細菌（*Cyanobacterium*）

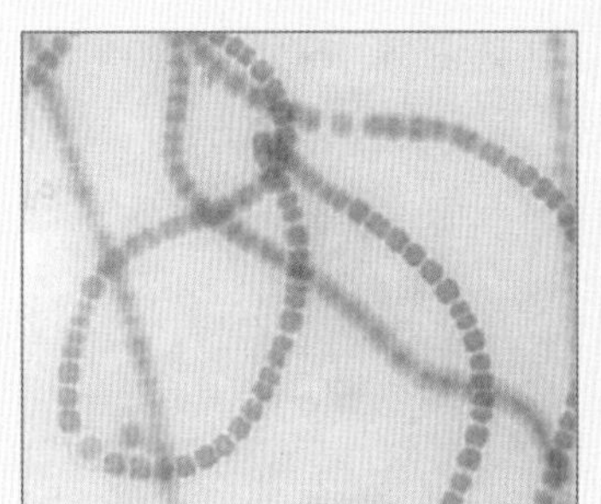

身分：細菌
住所：任何有陽光的地方
嗜好：製造氧氣
活動：屬於光合細菌的一種，它們的早期祖先對改變地球的大氣組成貢獻匪淺，使大氣從無氧到充滿氧氣。

35億年究竟有多久？

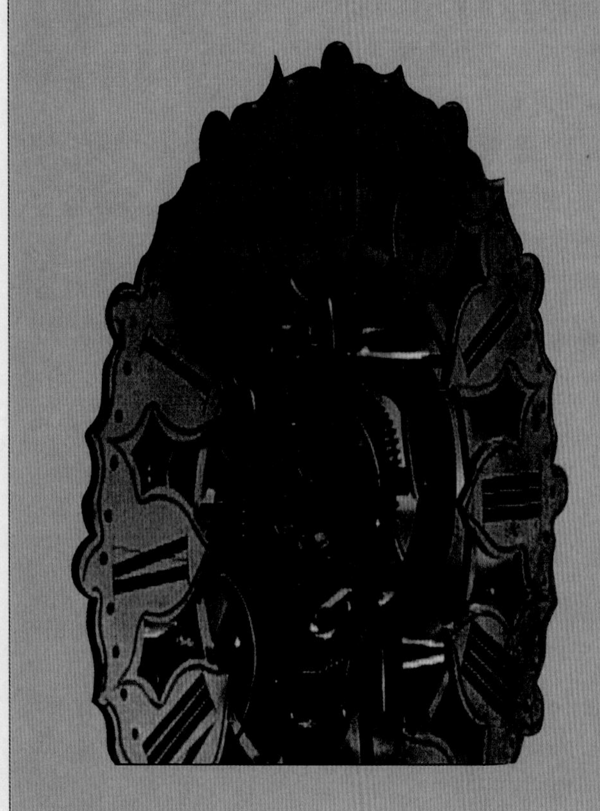

我們實在很難想像生命究竟在多久前就存在地球上。一種比喻的方式是將地球45億年的歷史壓縮成一天裡的24小時。在剛過子夜的第1秒，地球誕生了。一直到凌晨4點左右，生命才開始出現。最古老的化石在清晨5點半沈積，那是太陽剛剛起床的時間。微生物就在此時出現了，一直持續到中午，又經過了下午3點、下午6點，直到晚上9點，總算出現較大型的生物。所有你從課本上學到的演化過程，從三葉蟲到魚類、兩棲類、爬蟲類、鳥類、哺乳類等，都發生在這一天中最後的3個小時內。而人類一直要到子夜前的幾秒鐘才冒出來。

——索普夫

繽紛的生命

生命的主要驅動力之一就是尋找食物，這是能量的來源。當然，自然界中有許多不同的東西可以吃，不過這些食物本來就是有限的資源。愈懂得在環境中攫取食物的物種（也就是愈能適應環境者），就會成爲數量繁多的物種，而它們所適應的環境就是它們的生態區位（niche）。

當物種內有些個體出現一點不同時，這些發生變異的個體也許發現自己反而能在其他環境（生態區位）中占優勢。如果第二個生態區位裡的食物充足，而且能與第一個生態區位分隔開來，則這兩群生物會朝不同方向演化，最後成爲兩種不同的物種。

演化出競爭優勢

開發新的生態區位可能使一群原本血緣相近的生物出現顯著的改變。來看看發生在加拉巴哥群島（Galapagos Islands）上的例子。達爾文發現，那裡至少有14種不同的雀鳥是由同一種祖先演化出來的。

每一種雀鳥的崛起，都是因爲牠們具有競爭優勢，能適應不同的食物資源。這種適應最明顯易見的就是導致發展出不同形狀與功能的鳥喙，使每一種雀鳥都能充分利用當地的食物資源。好比說，吃蟲的雀鳥有長長尖尖的喙，可以探入樹皮中；吃種子的雀鳥則有短而硬的喙，可以把種子敲開。這種差異的結果就是：導致不同的物種誕生。

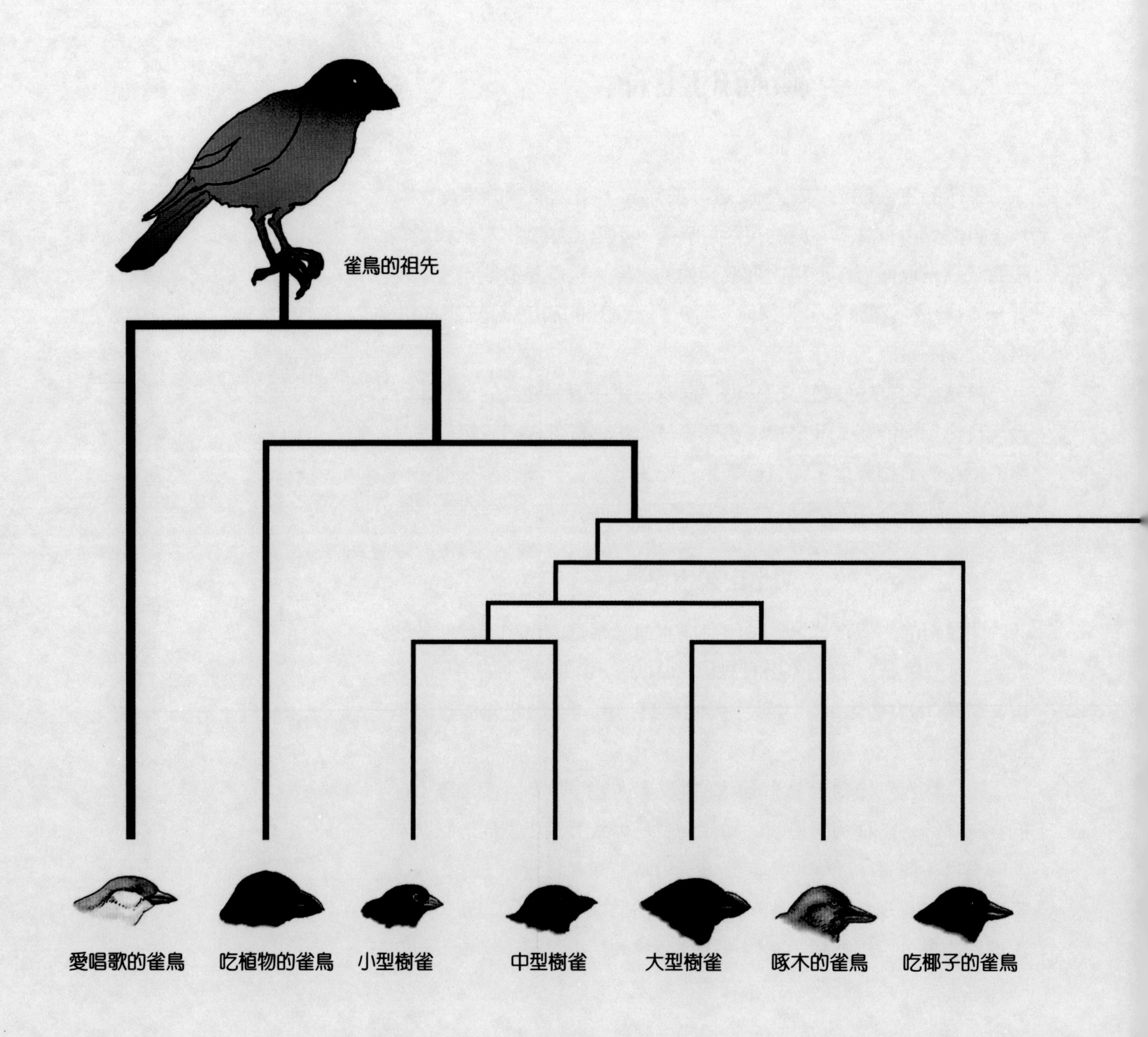
雀鳥的祖先
愛唱歌的雀鳥
吃植物的雀鳥
小型樹雀
中型樹雀
大型樹雀
啄木的雀鳥
吃椰子的雀鳥

◀

達爾文的雀鳥

也許在過去某段時間，有一些雀鳥從大陸遷移到加拉巴哥群島的某個小島上。現在該群島出現各種不同的雀鳥，每種雀鳥的喙都能適應當地的食物資源。這些不同的雀鳥，都是從最初遷移到此的同一祖先演化出來的。

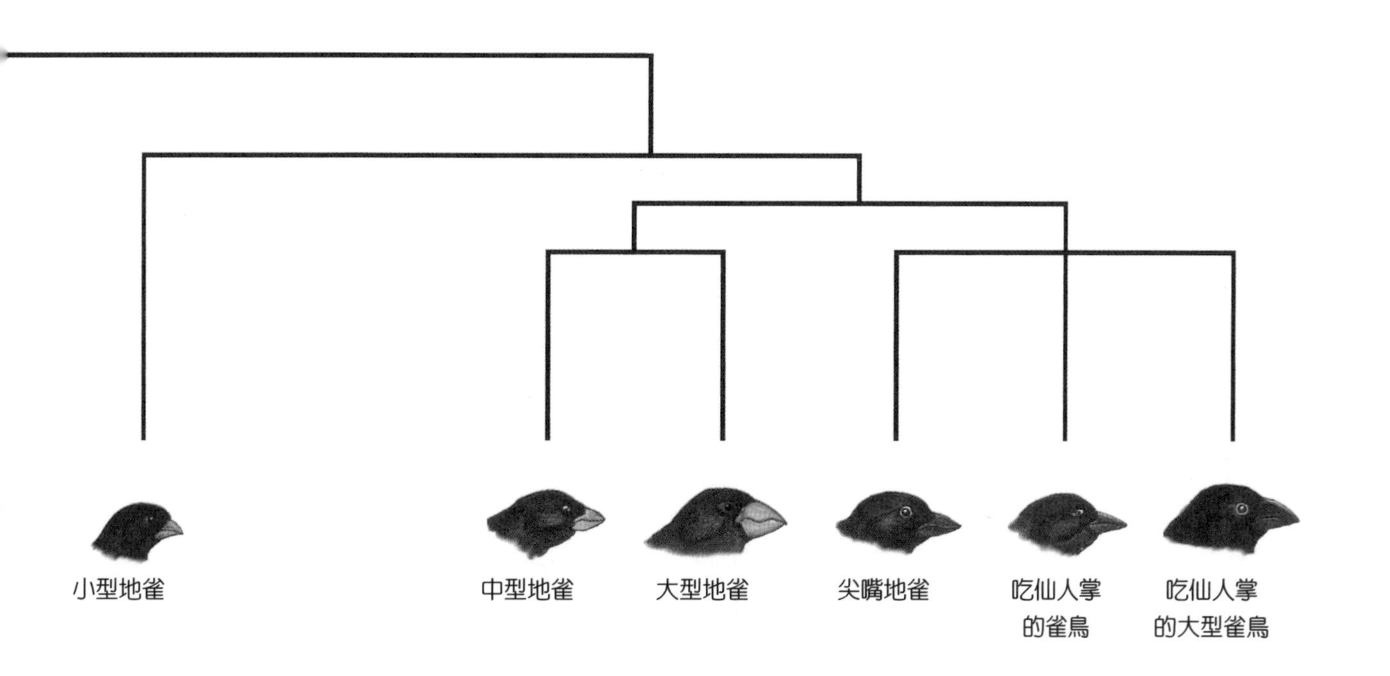

微生物和雀鳥一樣，也演化出各種競爭優勢，以適應不同的生態區位。不過微生物的演化比較難追蹤年代。和巨觀世界的生物不同，微生物的形狀與大小的變化比較有限，而且留下的化石紀錄也不多。因此，光是靠外觀來判斷，並沒有多大的幫助。於是科學家轉而採用其他策略，來分析微生物的演化關係，他們利用的是基因上所累積的差異。

多樣性源自一致性

雖然地球上各種生命形式的外觀與內部化學構造都不同，但是它們的核心結構卻有驚人的相似性。

現今所有細胞的共同特徵就是，擁有兩大系統的分子在維持生命的運作，一套是訊息系統，一套是機器系統。訊息系統包含創造及維持整個生物體所需要的指令，這些指令會代代相傳。機器系統能把訊息系統的指令轉譯成蛋白質，來執行生命的各項要務，例如生產及利用能量、建造及維護細胞、以及生殖繁衍後代。所有的生物，從雀鳥到微生物，都具有這種共通的基本設計。

所謂的指令就是DNA上的訊息，DNA是由4種核苷酸組成的長鏈分子。人類的DNA是由30億個核苷酸組成的，雀鳥的核苷酸數量比較少，微生物的核苷酸數量又更少了。然而不管數量多寡，DNA所表現出來的行爲都一樣。

核苷酸長鏈上又可區分成若干小段，每一小段是一個基因(gene，約由1,000個核苷酸分子組成)，每個基因都含有製造某種蛋白質的訊息。正如每段音樂的旋律是依據樂譜上的音符排列順序而定，製造蛋白質的指令也是根據基因上的核苷酸序列而定。

DNA是deoxyribonucleic acid的簡稱，全名爲去氧核糖核酸，是由去氧核糖核苷酸組成的長鏈分子。DNA的組成單元是核苷酸，依所含鹼基的不同可分爲4種（A、T、C、G)。遺傳訊息（基因）便是由鹼基的排列順序決定的。

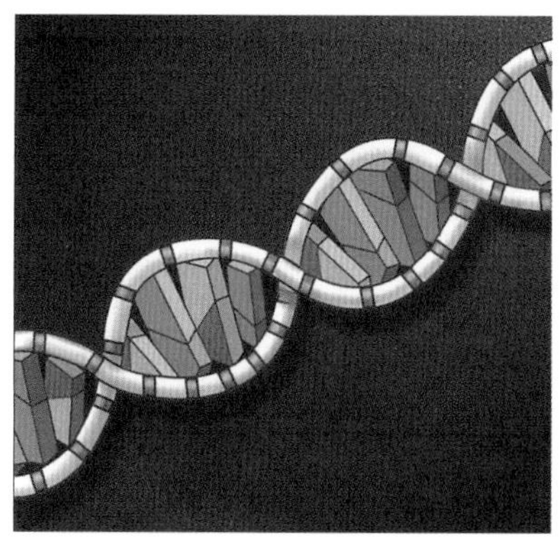

訊息分子
由4種核苷酸構成的DNA序列，是一套指示生命的機器該如何製造的說明書。

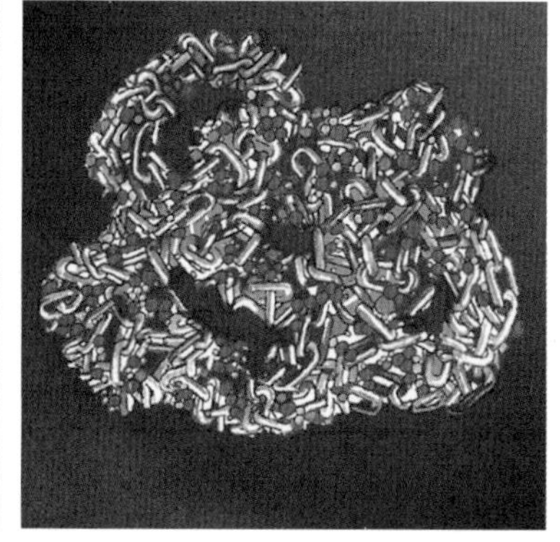

機器分子
成千上萬種的蛋白質是生命的硬體設備，它們的功能之一是讀取及複製DNA上的訊息。

◀
生命的一致性

每種生物的每個細胞都帶有兩種基本分子:訊息分子（DNA)，這是生命的軟體；以及機器分子(蛋白質)，這是生命的硬體。

生物多樣性的演化關鍵，在於基因指令會發生改變。構成基因的4種核苷酸分子偶爾會發生突變（mutation），這是一種隨機的改變。如果你改變樂譜上的某個音符，就會改變那一段樂曲的旋律；同樣的，基因上的核苷酸若發生隨機的改變，等於改變了製造蛋白質的指令，將導致不同的蛋白質產生。

每個蛋白質都像機器人那樣執行著簡單的例行公事。每一種生物，即便是像細菌那麼微小的東西，都是上千種蛋白質分工合作的成品，每種蛋白質都有自己的份內工作要做。由於許多蛋白質之間往往有密切的互動關係，要是有一種蛋白質發生變化，也會影響其他蛋白質的工作。這表示一個基因的單一突變，可能爲個體帶來重大的轉變。

DNA含有製造蛋白質的密碼

一條訊息長鏈（DNA分子）

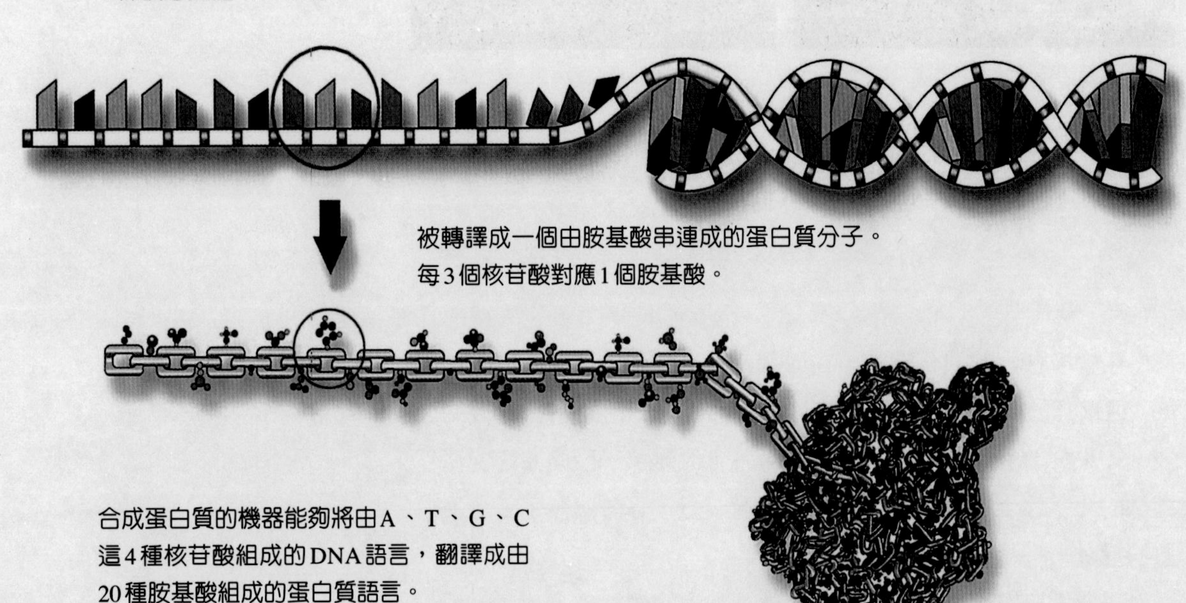

改變DNA就是改變蛋白質

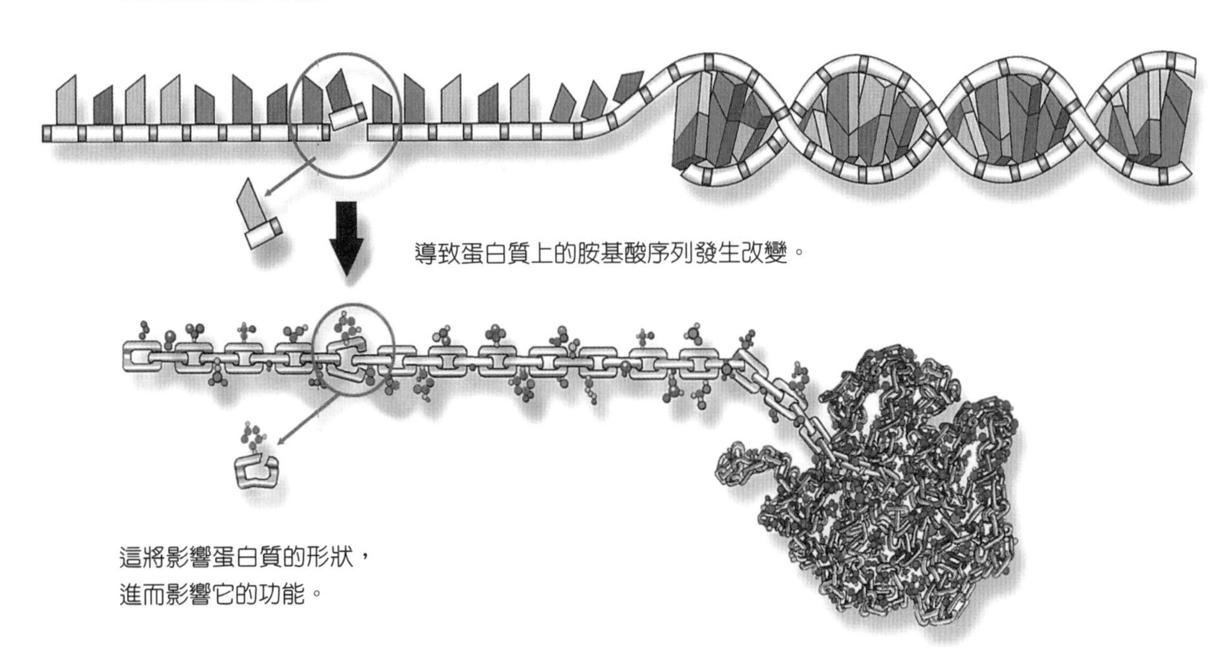

從基因到蛋白質到鳥喙

儘管大多數的基因突變都會損害蛋白質的功能，但偶爾也可能使蛋白質的功能變得更好。這樣的改進正是天擇作用的基礎。當某個體擁有功能改進過的蛋白質，它存活的機率會比它的雙親或其他個體還好，並得以把這種特性遺傳給下一代。經過一段時間，這種改變所累積的效應可能導致新物種形成。

舉例來說，這種小改變可能導致新型鳥喙的出現。有些蛋白質屬於結構蛋白，有些蛋白質則能控制結構蛋白的產量。後者的作用就像電源開關，開啓的時間愈長，將有愈多的結構蛋白產生。

如果這種開關蛋白的DNA密碼發生隨機的變化，可能影響開關蛋白開啓的時間長短，導致鳥喙發育期間的結構蛋白產量受到影響，進而改變鳥喙最後的形狀。

試想在加拉巴哥群島上一群以昆蟲爲主食的尖嘴雀鳥，忽然面臨一種新環境：例如當地氣候發生改變，或是牠們遷移到新島上。突然間，雀鳥發現大多數可以吃的種子都帶有硬殼。由於雀群中，有些鳥的基因組成從過去已累積了足夠的變異（經由DNA一點一滴的小變化所累積而成），使牠們擁有比其他鳥還大、還堅硬的鳥喙，能順利的敲開種子。像這樣的雀鳥將能成功存活下來，繁衍出更多具有堅硬鳥喙的後代。經過一段時間後，島上大多數的雀鳥都會具有堅硬的鳥喙。

如果這種適應較佳的鳥喙恰巧與產生較多的頸部肌肉組織（一種蛋白質）有關，那麼雀鳥將出現更厲害的鳥喙來敲開種子。如果雀鳥腸道中的蛋白質酵素發生改變，使種子更容易消化，則將更進

開關的變化可以控制產物的大小與形狀

想像一個製造霜淇淋的機器具有四根管子，每根管子都有自己的開關。

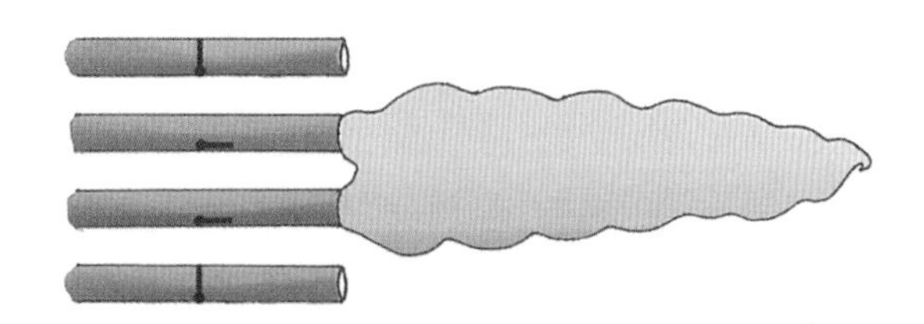

當兩根靠中間的管子開關完全打開時，
可擠出形狀細長的霜淇淋。

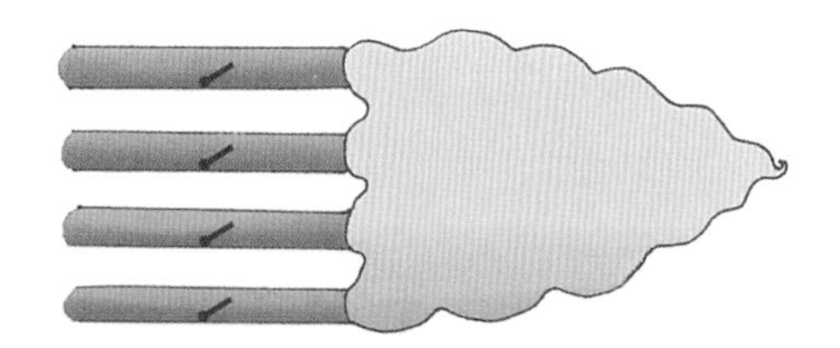

當四根管子全部半開時，可以擠出
較短較胖的霜淇淋。

在實際情況中，蛋白質就好像由基因調控的開關，控制著鳥喙結構物質的產量與形成位置，進而影響鳥喙的大小和形狀。

◀
新種雀鳥的形成是各個部位的蛋白質（例如鳥喙、頸部肌肉組織與腸道的蛋白質）發生改變所累積成的結果。

一步幫助雀鳥在新島上成功的生存與繁衍。由此可見，DNA一點一滴的小改變，都會使雀鳥的外觀特徵逐步發生小變化，在累積了一段時間後，終將導致新物種的崛起。

微生物的多樣性與福斯汽車症候群

福斯汽車症候群

細菌的外觀也許不像雀鳥的喙那樣具有明顯的差異。事實上，要是我們僅憑外在特徵來為細菌分門別類，恐怕只能將微生物世界區分成寥寥可數的幾群，不像肉眼可見的世界那樣繽紛繁多。而且我們可能判斷錯誤，如同某位知名古生物學家所謂的「福斯汽車症候群」。

當科學家僅根據外觀的相似性來做判斷時，便會發生福斯汽車症候群。從1940、1950到1970年代所產的福斯金龜車，外觀都大同小異，但是車子的內部設計卻逐年改進，使得最新款車型的性能總與先前的不同。新出產的金龜車可能馬力更強，或是化油器更先進。所以即使車殼沒有變化，內部的設計卻愈來愈不同。

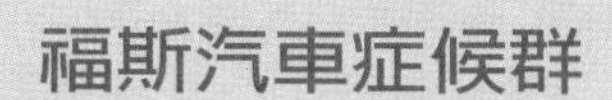

福斯汽車症候群

這兩台同樣是福斯公司出產的金龜車，儘管車殼外觀十分相似，內部結構卻很不一樣。從1940年代到1970年代，金龜車不斷的變化，以改進車子的性能。同樣的道理也見於微生物的世界。

	1940年代	1970年代
引　擎	25馬力	50馬力
煞　車	機械式	液壓式
避震器	單動液壓式	麥式吸震筒
燃料系統	化油器	燃油噴射系統
價　格	85英鎊	1,644英鎊

微生物世界的多樣性也是這樣來的，我們不應該只根據它們的外表體形來分類，應該深入去了解它們「內在美」的變化。

變化萬千，無所不在

福斯汽車的工程師把金龜車設計得非常符合它的「利基」(niche)，也就是要讓這種汽車成爲上班族都可以負擔得起的車子，所以它的價格不可以太昂貴。爲了維持這樣的利基，工程師保留了車體的外觀，不準備在上面動手腳，以免增加不必要的成本。幾十年下來，這樣的策略頗成功。原來，工程師把精力用在改良車子內部的結構與性能。

微生物的演化似乎也深諳此道，它們在漫長的歲月中，不斷的改良內部的組成與功能，就是不在外觀上搞花樣。

和福斯汽車的工程師所不同的是，微生物自古到今，有幾十億年的時間來做實驗——它們的內部組成已演化到幾乎所有你想得到的能量來源，都能轉化成食物，因此微生物的足跡廣布，任何地方都可以是它們的生態區位。可以想見，微生物在生命的演化大樹上所盤據的枝條，應該是既繁且多的樣貌。事實的確如此。現在科學家相信，地球上有成千上萬種微生物在不同的環境中生存著，它們的種類遠超過其他所有生命形式的總和。

有些微生物可以在沒有陽光或氧氣的地方繁衍，把硫化物當做能量的來源。有些微生物則乾脆住在石頭裡，汲取其中的能量。不過，微生物爲了覓食謀生所演變出來的奇招怪術，並非像金龜車的工程師那樣處心積慮去設計出來，而是經由類似雀鳥衍生出各種鳥喙的過程所產生的。這樣的變化是因爲細菌的DNA先發生改變，導致它們的蛋白質跟著發生變化。

可別讓一樣的外形給騙啦！

微生物在地球上存在幾十億年了，雖然外觀都沒有什麼改變，但內部卻持續的改進。
圖中這些細菌看起來都很相似，但其中有的是住在人類腸道中，懂得製造維生素；
有的是住在海洋底部，呼吸著硫化物；還有的是住在土壤中，負責轉化、利用陽光中的能量。

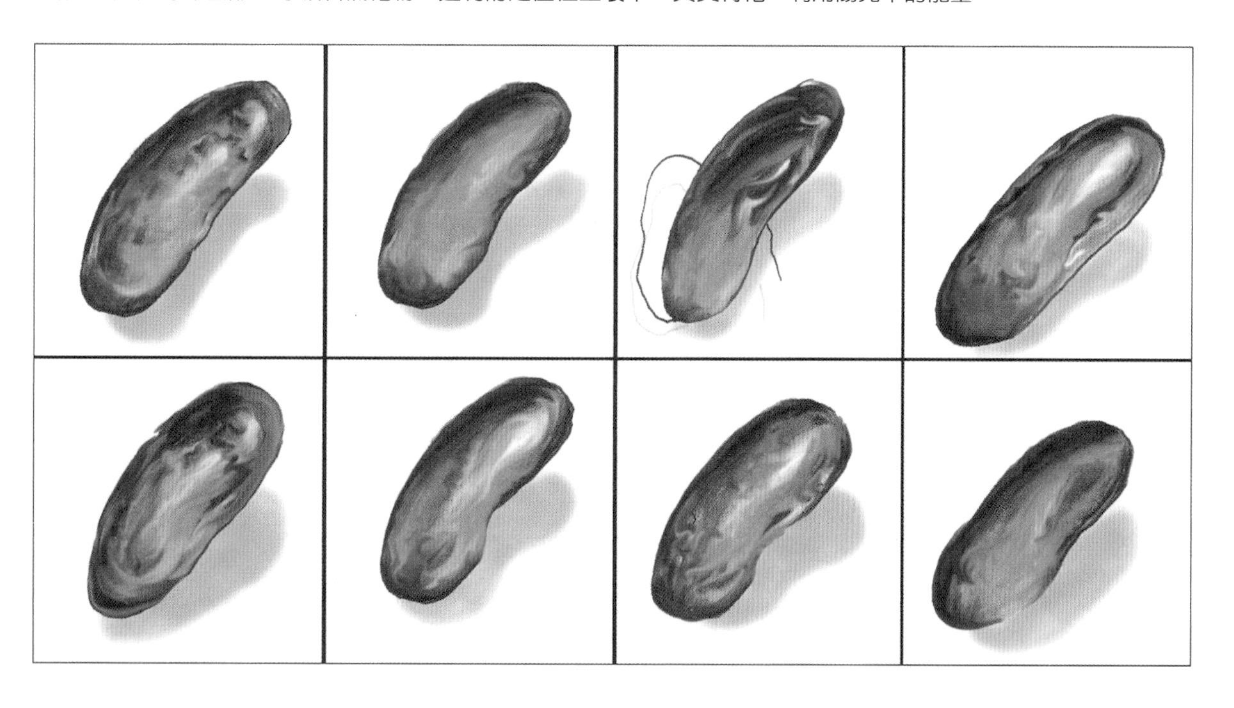

利用DNA建構生命的大樹

了解DNA和蛋白質兩者所跳的「雙人舞」之後（也就是DNA一點一滴的小變化將一步一步導致蛋白質的改變），提供我們新方法去研究生物間的相關性。這種新方法不僅逐步揭發微生物可能的演化途徑，也提供了證據，告訴我們地球上所有可見的生命形式都源自一個共同的祖先。

新的探索方式就是從DNA下手。我們已知所有生物都是利用DNA做爲生命的指南，每種生物都有自己獨特的DNA版本。也知道構成DNA長鏈的核苷酸動不動就會發生隨機的改變（即突變），這種改變會經由DNA的複製傳遞給下一代。在微生物的例子中，這是十分直截了當的過程，因爲大多數的微生物只需把DNA複製好，然後一分爲二，就可以繁殖下一代了。兩個新的子代細胞都帶有一套完整的DNA訊息，包括任何已改變的核苷酸序列。經過一段時間，這樣的DNA變化將累積在所有現存的生物體內。

從基因上判斷遠近親疏

測量周遭持續演變的生物的現況，提供了一個簡單的計算方式來觀察生物之間的相關性。這種計算方式並不是根據基因所展現的功能而定，因爲某物種的某基因與另一物種的某一個基因雖然功能相同，卻可能具有不同的DNA序列，這是因爲兩物種從共同的祖先那裡分道揚鑣後，一路上累積的突變所致。我們只需要計算兩者基因上核苷酸的差異數目，就可以讓我們判斷兩物種的血緣親疏。差

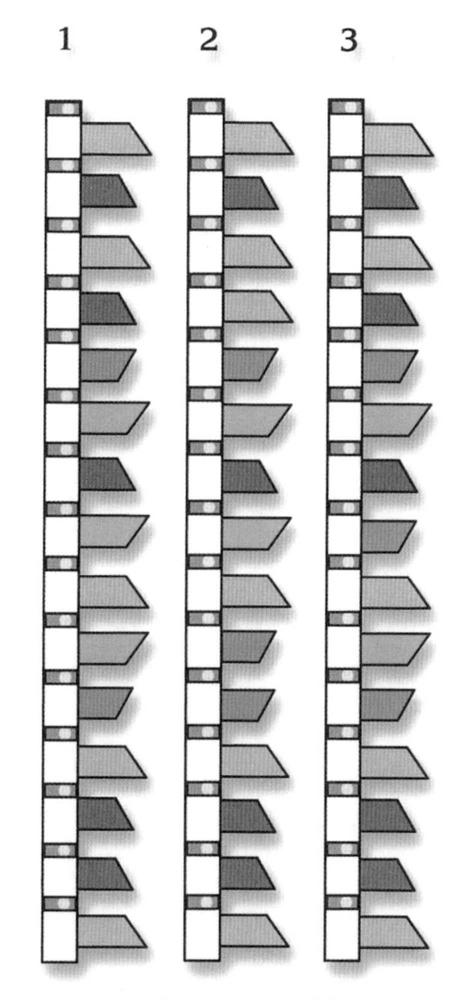

◀
比較生物的DNA序列，可幫助科學家建立生命的演化大樹。這裡有三種生物在同一個基因上略有差異，以基因1、2、3分別表示如下。請兩兩比較三種版本中的DNA序列，並記下相異的數目。試問：

(a) 哪兩者的關係較近（差異數目最少）？

(b) 哪兩者的關係較遠（差異數目最多）？

答案：(a) 基因1和3；(b) 基因2和3。

異愈少，兩物種的血緣愈近，反之，差異愈多，兩物種的關係愈遠。

反覆在許多物種間做這種計算分析，可以讓我們建構起生命的演化大樹，來顯示物種間的相關性。在這棵大樹上，任兩種生物所在枝條間的距離，將與兩者在某特定基因上的核苷酸差異數目成正比，也就是核苷酸數目相差愈大，枝條間的距離愈長。

科學家利用這種方式來檢視動植物的演化關係，他們依此而建立的生命大樹竟然與比較兩物種的解剖構造所建立起來的大樹不謀而合。

換句話說，我們有了可靠的方式來測量物種間的相關性，而不必處處仰賴化石紀錄的發現或根據外觀來判斷。這套方法已成為科學家建構生命演化假說的核心，它幫助我們探索地球上究竟如何演化出這樣繽紛多樣的生命，包括微生物。

逃命唷，大怪蟲來了！

除非是電影裡的情節，否則一次DNA的變化（即突變）不會導致昆蟲忽然變得像樓房那麼巨大。不過假以時日，許多突變的累積加上天擇的作用，就可能冒出像香菇與乳齒象（mastodon）這麼不同的生物。

為地球換膚的光合細菌

由於微生物和其他東西的參與，使得突變和天擇變成一條雙向車道。這樣說也許太抽象，說穿了就是突變導致細菌迅速適應變化的環境，結果新的適應能力又導致現存環境受到細菌的改變。

在生命演化的初期，有一個明顯的例子可說明環境如何受到細菌帶來的深遠影響。

遠古時代的細菌，在經過一系列的突變與適應後，發明了光合作用，這是當今各種植物、藻類及某些細菌利用太陽的能量將二氧化碳與水轉變成細胞所需物質的反應。當這種複雜的生活模式首度在地球上崛起時，新興的光合細菌似乎抓到了競爭優勢，遠遠超越了那些還在呼吸著硫化物的親戚。

霎時間，光合細菌盡情享受直接來自太陽的能量，好像取之不竭、用之不盡一般。於是光合細菌的數量急遽上升，擴散到地球的每個角落，只要是陽光、水源充足的地方，都讓它們覆蓋了。

光合細菌的暴增並未對其他細菌造成太多的

困擾，那些不懂光合作用的細菌自有一套謀生之道。光合作用產生一種新廢物——氧氣！雖然我們不認為氧氣是一種汙染物，但對當時的微生物而言，卻是一種有毒的氣體。

隨著光合細菌的蓬勃生長，它們製造的氧氣廢物也漸漸在大氣中累積，達到今日超過20%的氧濃度。原本適應了當時0.1%氧濃度的細菌都被迫演化出抵禦氧氣毒害的機制，或不得不移居至氧氣到不了的地方，或乾脆投降陣亡。

光合細菌產生的氧氣還帶來另一個結果，也就是臭氧層的形成。臭氧（O_3）是當今大氣中重要的組成，它可以幫我們擋掉有害的紫外線。在臭氧層出現之前，生命僅能生存在岩石下或水面下等能遮蔽紫外線的地方。有了臭氧層，微生物的足跡可以擴張到整個地球表面，而它們確實辦到了。

光合細菌就這樣給地球換了一張臉，也為後來的各種生命形式創造出優良的生存條件。在臭氧層形成不久後，爆發了一場大規模的演化，地球上開始出現多細胞生物。

把微生物掛上生命大樹的枝條

生命起源之鑰

來自伊利諾大學的伍斯（Carl Woese）是一位演化生物學家，他發現如果要深入探討演化，勢必得找個方法來建構一株統一的生命大樹。新的大樹上，除了各種動植物之外，還必須包括所有的單細胞生物——細菌、原生動物、藻類、和眞菌。他推論道，如果可以找到一個所有生物（包括微生物）或大多數生物都具有的基因，那將會是一把解開生命起源之謎的金鑰匙。

不過，要找到這樣的基因顯然是太過分的要求了。這需要一個在所有細胞中都執行相同功能的基因；一個非常古老、但至今仍存在活細胞中的基因；而且還是一個核苷酸數目足以觀察DNA序列異同的基因；最後，還必須是一個變化非常緩慢的基因，使得DNA的序列在經過漫長的時間後，仍保留一些共同部位，即使外觀迥異的兩物種，亦同樣保有這種序列。

所有已知的現代生物細胞中，都具有一種叫做核糖體（ribosome）的構造，能將DNA的訊息轉譯成蛋白質。因此，伍斯推測，核糖體十分有可能出現在最初的原始細胞中，也就是那些演化出當今所有生命形式的細胞。而且製造核糖體的基因也會隨著漫長的演化歷程，一路傳遞下來。

RNA（ribonucleic acid），核糖核酸，一條由核苷酸形成的長鏈分子。共有三類：信使RNA（messenger RNA）、核糖體RNA（ribosomal RNA）、以及轉移RNA（transfer RNA）。

核糖體是由兩個部分構成的：蛋白質與核糖體RNA。雖然我們常將RNA看做是把DNA轉譯成蛋白質的訊息仲介者（即信使RNA），但有一類RNA叫做核糖體RNA，卻是核糖體結構的一部

核糖體

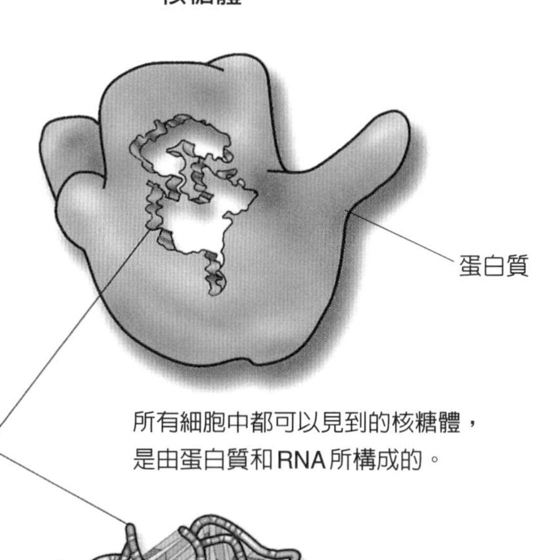

所有細胞中都可以見到的核糖體，
是由蛋白質和RNA所構成的。

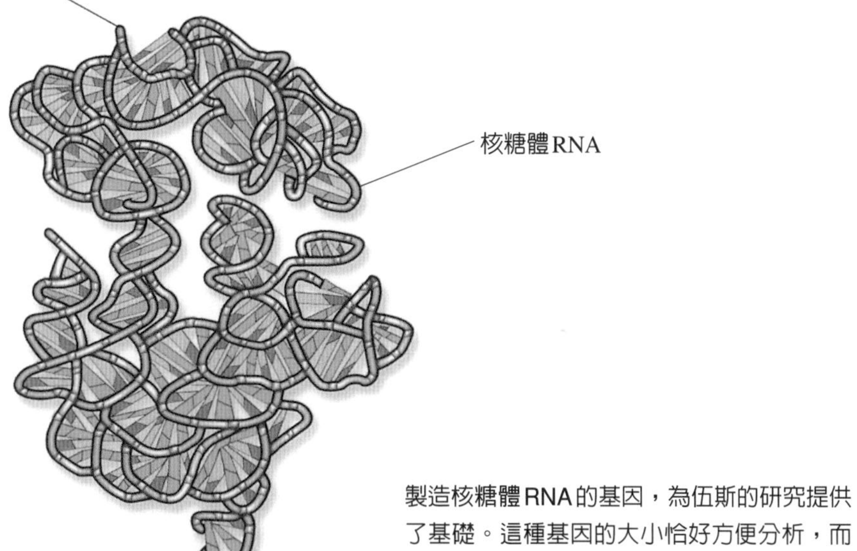

製造核糖體RNA的基因，為伍斯的研究提供了基礎。這種基因的大小恰好方便分析，而且會隨著時間緩慢的發生改變，很適合用來研究生物的演化。

分。這種情形就好像一位作曲家把自己創作的樂譜捲起來，做成一把小提琴來演奏那樣。

核糖體RNA是經由它本身的基因轉錄過來的成品。這個基因的各方面條件似乎全吻合了伍斯的要求。如果核糖體RNA的基因就是伍斯懷疑的那個古老又關鍵的基因，那麼他推測這個基因在漫長的歲月中應該是變化得很緩慢。

於是伍斯開始測試他的假說。他分析很多物種的核糖體RNA基因，仔細的解讀它們的核苷酸序列（參見第122-123頁）。

代代相傳的變奏曲

果然，伍斯的假說一語中的。在他檢視的所有物種中，都有一部分的核苷酸序列是一模一樣的。這暗示著所有的細胞都有一個共同的祖先。

伍斯還發現，在核糖體RNA基因的其他部位，他所檢視的所有原核細胞都具有完全相同的核苷酸序列，而在真核細胞中，這些核苷酸序列就出現顯著的差異。這又暗示著原核與真核細胞的祖先很早就分道揚鑣，各自發展去了。接著，在兩組細胞的樣品中，伍斯發現它們的核糖體RNA基因還可再細分成幾組，使兩大枝條（原核與真核生物）又分岔出更多的小枝。

如果把核苷酸想像成樂譜上的音符，這就好比所有最初的細胞一開始都彈奏著相同的旋律，經過幾十億年的演化後，每一物種都把原始的樂譜做了一點修改，產生了變奏曲，並傳遞給子孫後代。

在36億年的演化期間，有很充裕的時間產生大量的變奏曲，但我們仍可以從各首變奏曲（包括從大腸桿菌到你、我所演奏的各種

原核生物（prokaryote），指細胞內沒有核膜包圍著染色體的生物。

真核生物（eukaryote），指細胞內有核膜包圍著染色體的生物。

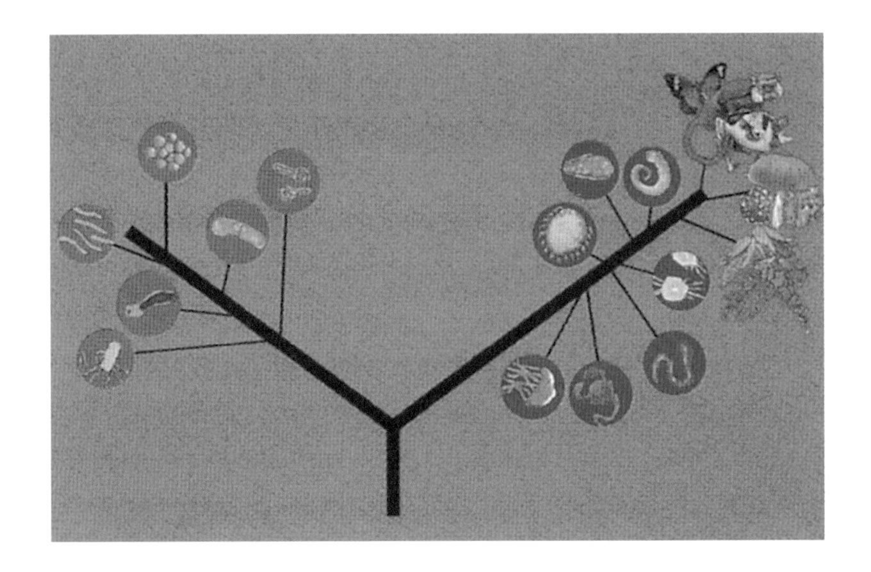

◀
實際上，科學家是藉助電腦分析來比較各物種的核糖體RNA基因上的核苷酸序列。這樣的分析可以建構出一棵枝條長短不一、且分岔點各不同的生命大樹。

版本）中，聽出一點點原始旋律的味道。

日復一日，年復一年，伍斯辛勤的比對各物種的核糖體RNA基因上的核苷酸序列變化，然後把各物種安排在適當的位置，他新建構的生命大樹就這麼漸漸成形。伍斯主要是尋找能指示出樹枝該在何處分岔的RNA片段，分到同一邊的物種具有一段共同的序列，是其他物種所沒有的。

伍斯就這樣利用古老的核糖體RNA基因來建構統一的生命大樹，在過程中他僅見到兩大枝條，他稱之爲「域」，也就是原核生物與眞核生物兩大類。但事實並非如此而已，還有一項讓人心盪神馳的驚喜正在轉彎處等著伍斯呢！

域（domain）是「界」之上新增的分類單元，由伍斯於1990年代首先提出，分爲三大域，請參考第125頁。

伍斯建構一棵生命演化的大樹

用生動有趣的方式來解釋這複雜的過程：

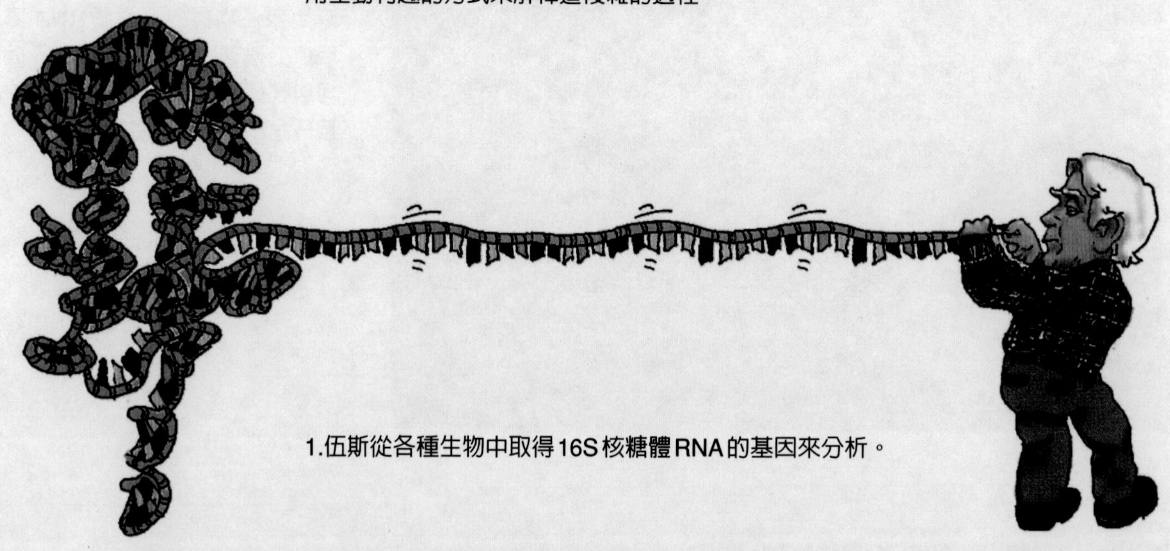

1.伍斯從各種生物中取得16S 核糖體RNA的基因來分析。

2 他想比較這些基因上的核苷酸序列（以其中8種生物為例），找出相同與相異的片段。

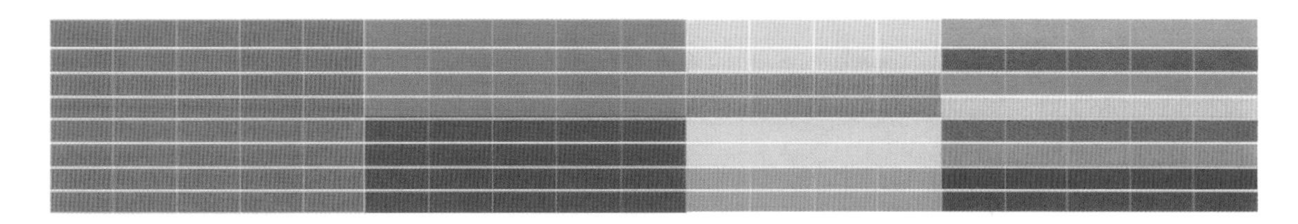

3.將每一種生物的核苷酸片段展開來後，伍斯把相同的序列用同一種顏色表示，並從擁有最多相同顏色的片段排列到相同顏色最少的片段。

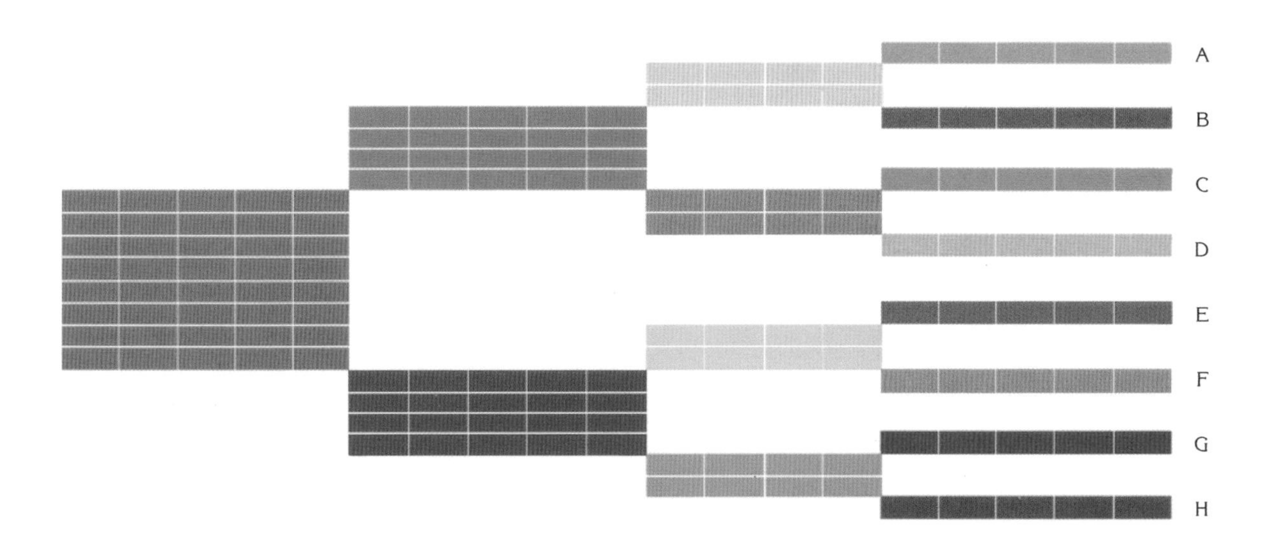

4.當伍斯把這些片段上下分開後，赫然出現樹枝狀結構。從這個例子中，科學家可以下結論：物種A與物種B的血緣比較近，因此比物種A與物種D還晚分家。

喜愛高溫的古細菌另闢新枝條

就在伍斯埋首於大規模的分析研究時，一位同僚沃爾夫（Ralph Wolfe）拿一種不尋常的原核微生物給他看，那是一種會製造甲烷的細菌，叫做甲烷菌。沃爾夫提供的這種細菌是吃二氧化碳維生，並且會產生代謝副產物甲烷。比較特別的是，這種單細胞生物喜歡生長在溫度很高（將近100℃）的地方。

當伍斯檢查這種細菌的核糖體RNA時，不禁感到困惑。這種甲烷菌竟然沒有他在其他細菌細胞中看到的獨特序列，也沒有眞核細胞內才看得見的序列。伍斯覺得很棘手，無法將這種奇怪的生物安插在他建構的生命大樹上，因爲他所區分出來的兩大枝條都容不下這個小東西。於是伍斯爲它另闢枝條，把它歸類在所謂的古細菌域（domain archaea），這種甲烷菌就成了新枝條上的第一位成員。

沒想到伍斯所命名的古細菌，果眞讓這類細菌名副其實。古生物學家知道早在40億年前，當生命剛剛崛起之初，地球上的溫度相當高。因此他們假設，愈喜歡高溫的生物，愈接近最早期的生命形式，也就愈靠近生命大樹上的第一個分岔點。

巫婆的廚房

施泰特（Karl Stetter）是專門研究這種嗜熱菌（thermophile）的科學家，他認爲這類細菌最貼近地球上最古老的微生物。施泰特本身也是當今世上最成功的嗜熱菌培養高手，可以在實驗室環境中繁殖這種細菌。這是很了不起的成就，因爲要模擬嗜熱菌的天然高溫環境並不容易。

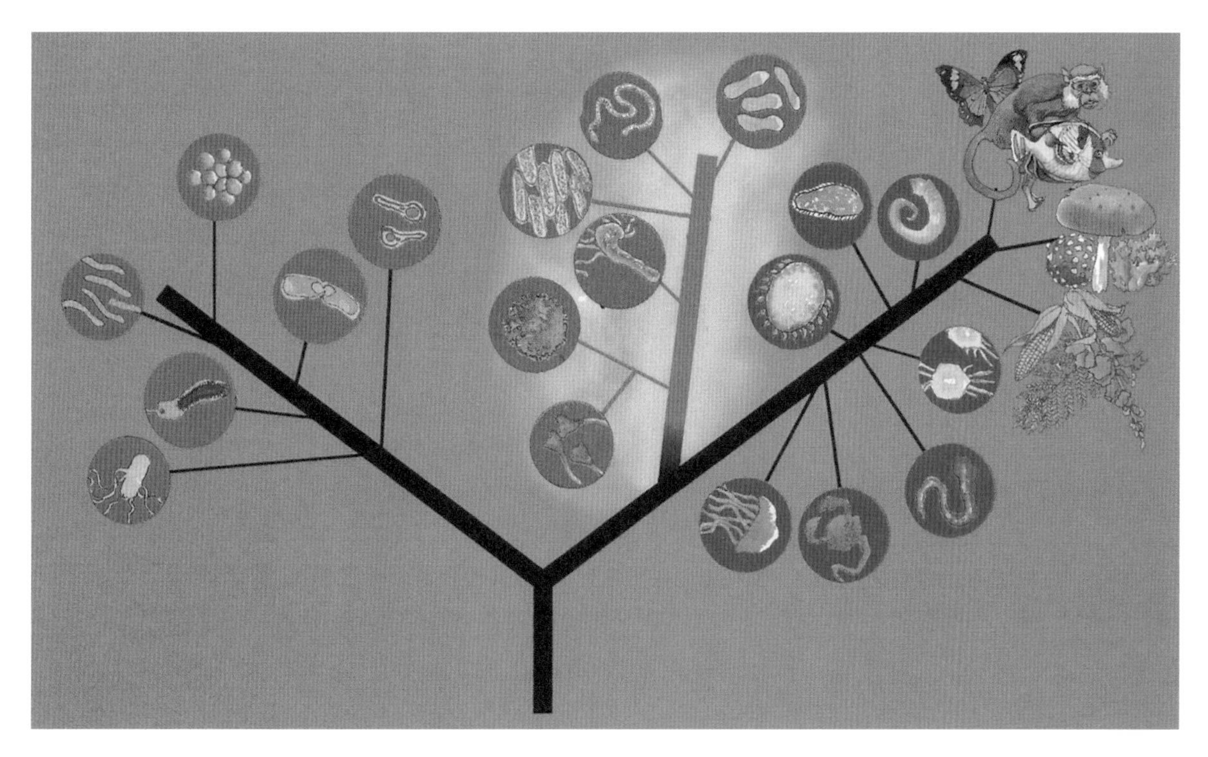

▲
當伍斯的大規模研究進行到中途時，他又發現了另一大枝條，使得最新的生命大樹上出現三大主軸（三大域）：細菌域（domain bacteria）、真核生物域（domain eukarya）、還有生存在熱泉噴孔附近的古細菌域（domain archaea）。

施泰特稱自己的實驗室爲「巫婆的廚房」，裡面盡是像壓力鍋般的大桶缸。他和助理要隨時保持桶缸內的超高溫條件，還要灌滿氫、氮、硫等氣體，活像個室內的火山。目前，施泰特的研究小組已開發出適當的環境來培養這種奇特的微生物。藉由那些室內火山，施泰特培養出首批能在100℃以上的高溫中繁殖的細菌。

施泰特走訪世界各地，找尋地球上溫度最高的地點，把細菌採樣帶回實驗室。他上山下海，足跡遍及火山頂以及海底1.6公里深處的熱泉噴孔。他發現，沸騰的熱池、蒸氣直冒的地熱孔、和熱泥淺灘中，都有嗜熱菌的蹤跡。

▶
海底熱泉噴孔生態系支撐著一群特殊的生物，它們仰賴微生物供應可利用的能量形式，而科學家相信，這些微生物應該已經很接近地球上最早的生命形式。

海底熱泉噴孔是一個特別值得探勘的地方，沿著太平洋和大西洋海底的許多地點都可見到這種噴孔，在那裡，地底下的高溫玄武岩很靠近地表，導致岩漿慢慢流出。隨著地殼開裂，海底火山形成，噴出溫度高達350℃的熱水，裡面飽含各種礦物質。

這些海底火山又叫做「煙囪」(smoker)，周圍一帶可見到奇特的生物種類，例如長達二公尺的巨型管蟲、巨海蚌、鮮紅蝦、貽貝等，當然還有各種微生物，可謂自成一個複雜特殊的生態系(參見第76頁)。施泰特在某個深海熱泉噴孔旁邊採集到一種能存活在110℃高溫(比水的沸點100℃還高)的嗜熱菌。

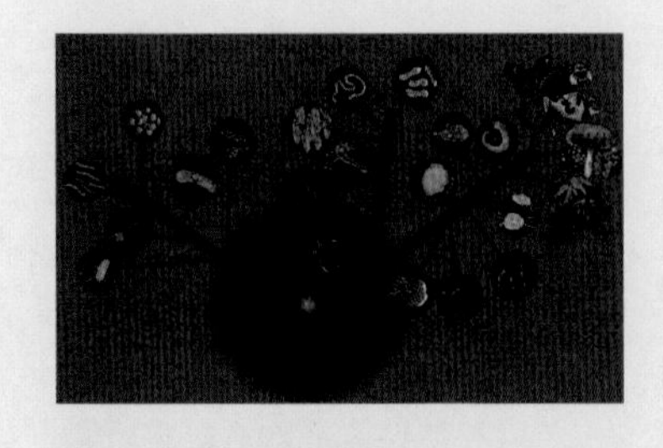

▲
能適應愈高溫環境的細菌，愈靠近枝條分岔點的基部，也因此愈接近地球最初的生命形式。

綜合了施泰特所發現的每一種新細菌，伍斯找出一個重要的模式：能在愈高的溫度下存活的細菌，愈靠近那古細菌枝條的分岔點基部。由於許多嗜熱菌都屬於古細菌，它們也許眞的是很古老的一群生物，事實上，它們已經很接近最初的細胞形式了。

微生物名字的由來

*Thermotoga maritima*是目前微生物世界最「熱」門的細菌之一，科學家把這類細菌稱做「超嗜熱菌」(hyperthermopile)，表示它們喜歡在高溫的環境中生長。施泰特是第一位能在實驗室中繁殖出 *Thermotoga maritima*細菌的科學家，而且依照慣例，他是最有資格替這種細菌命名的人。當施泰特把這種細菌放在顯微鏡下觀察時，他看到一個像襪套般鬆垮垮的東西覆在細菌桿狀外形的前端或後端。由於這種細菌酷愛高溫的環境，施泰特第一個念頭就是給它取名為「Thermosockus」(意味著穿襪子的酷熱傢伙)。

稍後，施泰特把這種細菌交給伍斯，去分析它在生命大樹上該座落在哪個枝條上。伍斯發現這種菌和先前檢驗過的幾種細菌一樣，都很靠近大枝條的分岔點，暗示出此菌可能也很類似地球上最古老的細菌。聽到這樣的結果，施泰特決定幫這種細菌換個更高貴的名字。先前以襪子來命名，似乎不足以展現它不凡的身世，畢竟它的親屬族裔都有傲人的演化地位。

當初，施泰特是在靠近義大利夫卡諾斯（Vulcanos，一度是古羅馬帝國的領土）的海底火山中發現這種細菌，而細菌的襪套構造恰可以看成是古羅馬帝國的貴族常穿的一種寬袍（toga)。他想了一下，決定為這種細菌改名為*Thermotoga maritima*，來顯示它是一種大熱天裡穿著寬袍住在海底(maritima）的奇特傢伙。

從很多方面來看，用這樣的名字形容這種可能是地球上最早出現的生命形式之一，還差不多吧！

跳進極端世界的深淵

想像你背著充滿硫的潛水筒跳進沸騰的熱池中，會是什麼情景？恐怕沒有人想這樣做吧！但是有一些微生物卻演化出能在這種惡劣環境中生存的本事，我們稱這類細菌為嗜極境生物（extremophile），前面提到的嗜熱菌只是其中一例。

和我們的酵素不同，這類生物所製造的酵素相當能耐高溫及抵抗其他嚴酷的狀況，我們稱之為極端酵素（extremozyme）。現在這類特殊的酵素正逐步被人開發成具有商業價值及法醫學用途的產品。

目前最熱門的極端酵素首推Taq聚合酶(Taq polymerase)，這是一種能在極高溫環境下工作的酵素。Taq聚合酶是「聚合酶連鎖反應」(簡稱PCR，參見第134頁）這種DNA自動合成技術中的主角，可以在高溫中複製出成千上萬份相同的基因，如今已廣泛的應用在法醫學界、醫學診斷上（例如判斷愛滋病毒的感染)、以及篩檢某些遺傳性狀（例如是否容易罹患某種癌症)。Taq聚合酶和PCR技術也成了另一位知名的演化生物學家沛斯（見次頁）及其同僚的研究利器，讓他們可以直接從取樣中大量複製核糖體RNA的基因，把生命的大樹拓展到目前已知的微生物之外。

現在牧場和農場的經營者也懂得利用能在極酸環境下工作的極端酵素，做為動物飼料的添加物。這些極端酵素會和飼料一起進入動物的胃，在胃裡的酸性環境中，極端酵素能幫忙將食物分解成更小的物質，使營養素更快被吸收。藉此，畜牧者和農人就可以購買較便宜的穀物飼料，但依舊能供應動物足夠的養分。

清潔劑製造商則對一些能在極鹼環境中工作的極端酵素感興趣。衣服上沾染的汙漬通常不是蛋白質就是脂質造成的。酵素能有效分解蛋白質和脂質，讓衣服恢復潔白，可惜很多酵素遇到清潔劑所造成的鹼性環境，都無法充分發揮效用。因此那些能在熱水或冷水中作用、且能忍受清潔劑鹼性特質的極端酵素，便成為日常生活中清汙除垢的妙方。

數量龐大、種類繁多的微生物世界

正當一群科學家積極探勘嗜熱菌的同時，另有一些科學家著手研究生物世界的其他成員，目的是要爲地球生物圈建立一個更完整的生命全貌。然而大多數的微生物獵人都踢到絆腳石。伍斯的分析法需要從數百萬的細菌中獲取大量的核糖體RNA基因，這表示研究者必須能夠在實驗室中以少量的來源培養出大量的細菌。對科學家來說，想要把他們在顯微鏡下所觀察到的許多種微生物都大量繁殖，簡直是不可能的任務。

後來，伍斯熟識已久的同僚沛斯（Norman Pace）也參與這項工作，他想到一個辦法來解決這道難題。沛斯採用一種基因複製技術（即PCR，參見第134頁），可以直接應用在所有從野地採集回來的菌

▶
沛斯發現他可以在試管、燒杯中複製出滿滿的細菌DNA，而不必想辦法讓細菌在實驗室中繁殖。

種上。這種技術無需培養細菌，就可以製造出成千上萬份相同的細菌基因。沛斯相信，把這種技術和伍斯的核糖體RNA基因分析法結合起來，將是分析各種微生物相關性的利器。

▲
沛斯：「當今地球上生命的分布情形，與我們十年前的認知相差很多。現在我們知道生命在地殼中，生命在冰中，生命也在沸水中。」

門一開就踏上新行星

沛斯在黃石公園的熱泉中發現一些聚集生長的粉紅色微生物，當他把採集的樣品帶回實驗室利用新技術研究時，赫然發現裡面的核糖體RNA不是少數幾種，而是好幾百種。這意味著在那個密密麻麻的微生物群集中，還有數百種細菌尚未被人發現。

隨著沛斯以及其他科學家所走訪的天然棲地愈來愈多，他們發現的微生物種類也愈來愈多，遠遠超過在黃石公園發現的種數。每到一個新地方，就會發現新菌種。無論是嚴寒或酷熱的環境，不管是強酸或強鹼的棲地，都可找到微生物的蹤跡。地函深處的岩石中有微生物，海平面下數公里的海底或地殼中也有微生物。這些小東西簡直無所不在，幾乎沒有什麼惡劣的環境難得倒它們。

對於這群利用新技術來探索微生物世界的科學家而言，每到一個新地方，都好像門一開就踏上一顆新行星那樣。他們也相信微生物的世界浩瀚無比，目前的發現只是冰山的一角。

現在，科學家認爲，每一種可以在實驗室中馴服豢養的細菌，在野生環境中還有上千種不同的菌株存在著。由此推演，世上至少還有500萬到800萬種不同的細菌尚待發現。

微生物不只種類多得驚人，它們占的重量也是非同小可。目前科學家已知微生物占了地球上最大的生物質量。在海洋中，95%的生物質量來自微生物的貢獻，而且微生物的總生物質量超過地球上所有動植物加總起來的質量！

▶
沛斯在採集到的樣品中發現許多種序列不同的核糖體RNA基因，暗示了世上的細菌種類多得驚人。所有新發現的菌種，導致生命的演化大樹上又增添許多枝條。

身懷十八般武藝

想要了解我們生存的世界，不管你要不要將無法在實驗室中培養的細菌掛上生命的大樹，似乎都無關緊要。不過，一旦科學家把一種細菌歸到大樹上的某一群生物時，就可以更清楚知道該菌種在自然界中的角色。

譬如說，已知有一種細菌最接近能將二氧化碳從大氣中移除、並釋出甲烷的甲烷菌，科學家就可以推測該菌的活動多少也與甲烷菌相似。

讓我們更好奇的是那些可以在極端環境中生長的微生物。原因之一是，我們知道這些微生物與支撐生物圈的化學循環網有密切的關連。了解這類細菌的確實角色，有助於科學家洞察生物圈的運作方式。

再者，科學家也在找尋一些能幫人類解決棘手問題的細菌，提供我們更有效的處理之道。好比說，我們發現有些細菌可以把汙染物分解成對環境無害的化合物，以清除汙染的災害；我們也發現有些細菌具有特殊的酵素，可以取代由化學反應推動的製造過程；還有一些細菌可以生產各種對人類有用的東西，從醫療診斷上的用品到代用食品、洗衣粉、清潔劑等等。

此外，還多虧了沛斯和其他人發展出這套新技術，使人類不必千方百計的誘導細菌在實驗室中繁殖，也可以善用它們的才能，把細菌的十八般武藝施展在人類生活的各層面。一杯泥、一瓢水，不管是從地底下或熱泉中採集到的菌種，科學家現在都能直接複製出各式各樣的細菌基因來研究了。

借用生命的複製機

在很多情況下，當科學家想要利用基因做實驗或想要分析基因上的核苷酸序列時，都會遇到DNA取樣太少、難以研究的困擾。想要徹底研究DNA，第一步就是要複製出很多份相同的DNA。

直到最近，複製DNA的工作始終得仰賴活細胞來完成。其中，細菌細胞是很方便的工具，因爲它們繁殖速率很快，每次細胞一分爲二，就會連帶的把細菌自己的DNA複製一遍。同時，科學家可以誘導細菌接收一段來自其他生物的DNA。細菌把外來的DNA視同己出，所以也會一起複製，結果它們一面繁殖，一面複製出許多外來的DNA。

隨後，科學家便瓦解細菌的細胞，並把其中的DNA（包含外來DNA）分離純化，往往可以得到數百萬份相同的DNA。這就是所謂的「重組DNA技術」(recombinant DNA technology),是在1973年發明出來的,這種過程相當煩瑣耗時,通常需要好幾天的工夫來完成。不過這樣重大的技術突破,確實貢獻良多,讓科學家更了解基因在維持健康與導致疾病上扮演的角色。

DNA自動複製術

到了1985年,另一種新技術誕生了,它可以讓DNA在細胞之外自動複製,而不需依靠細菌的繁殖。這項技術叫做聚合酶連鎖反應(polymerase chain reaction,簡稱PCR),靠的是細菌複製DNA的酵素,也就是──DNA聚合酶,目前已廣泛應用在很多研究領域。

從各種管道來的DNA,例如在化石中保存了幾百萬年的史前生物、埋在土裡的死屍,以及血跡、汗漬、唾液、精液等微量的樣品,都可以經由PCR技術在數小時內複製出好幾百萬份同樣的DNA片段。

現在,這種基因複製技術使得科學家能精準的找出遺傳病患的基因病變所在,並能從罹患常見或罕見疾病的患者體內,偵測出細菌和病毒的存在。前面我們也看見,基因複製技術也讓科學家深入探索前所未見的微生物,揭發它們特殊的基因組在演化史上的重大意義。

組成生命語言的四種字母:A、T、C、G

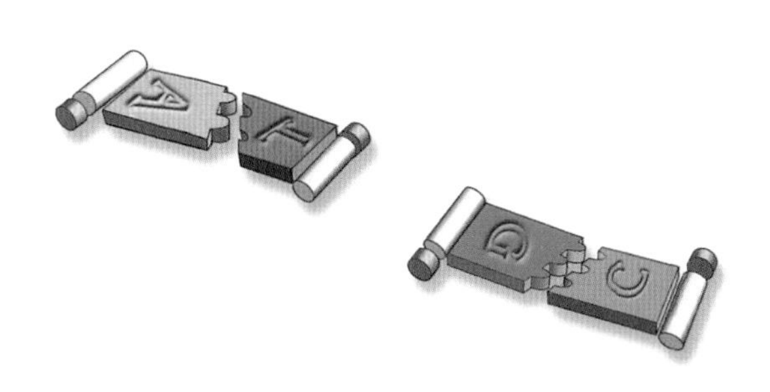

這四種字母兩兩互補配對：
A和T搭配，C和G搭配。

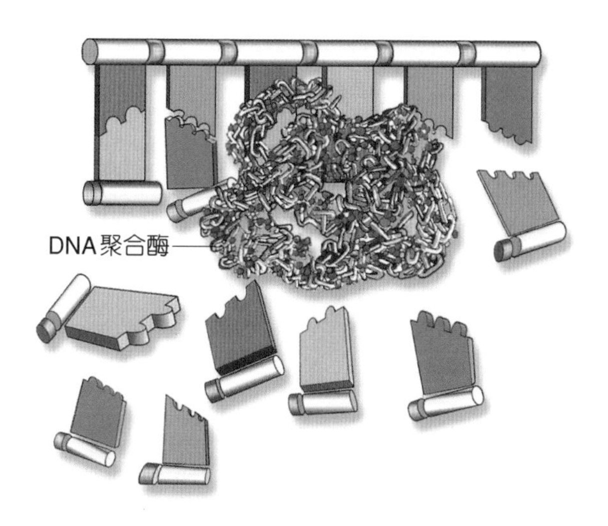

一種叫做DNA聚合酶的特殊蛋白質
能捕捉游離的核苷酸，
幫忙搭配成一條互補的核苷酸長鏈……

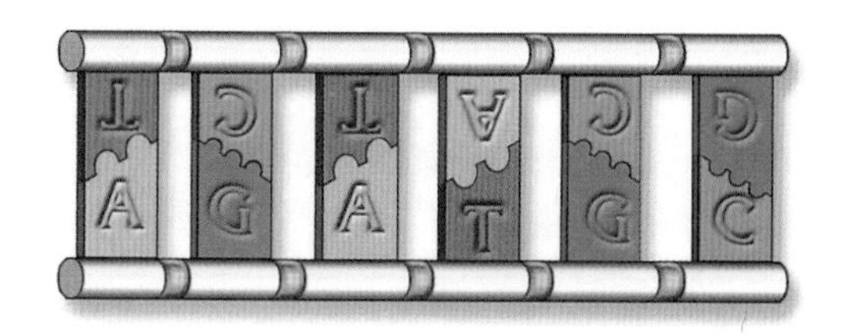

……最後導致DNA分子的形成。

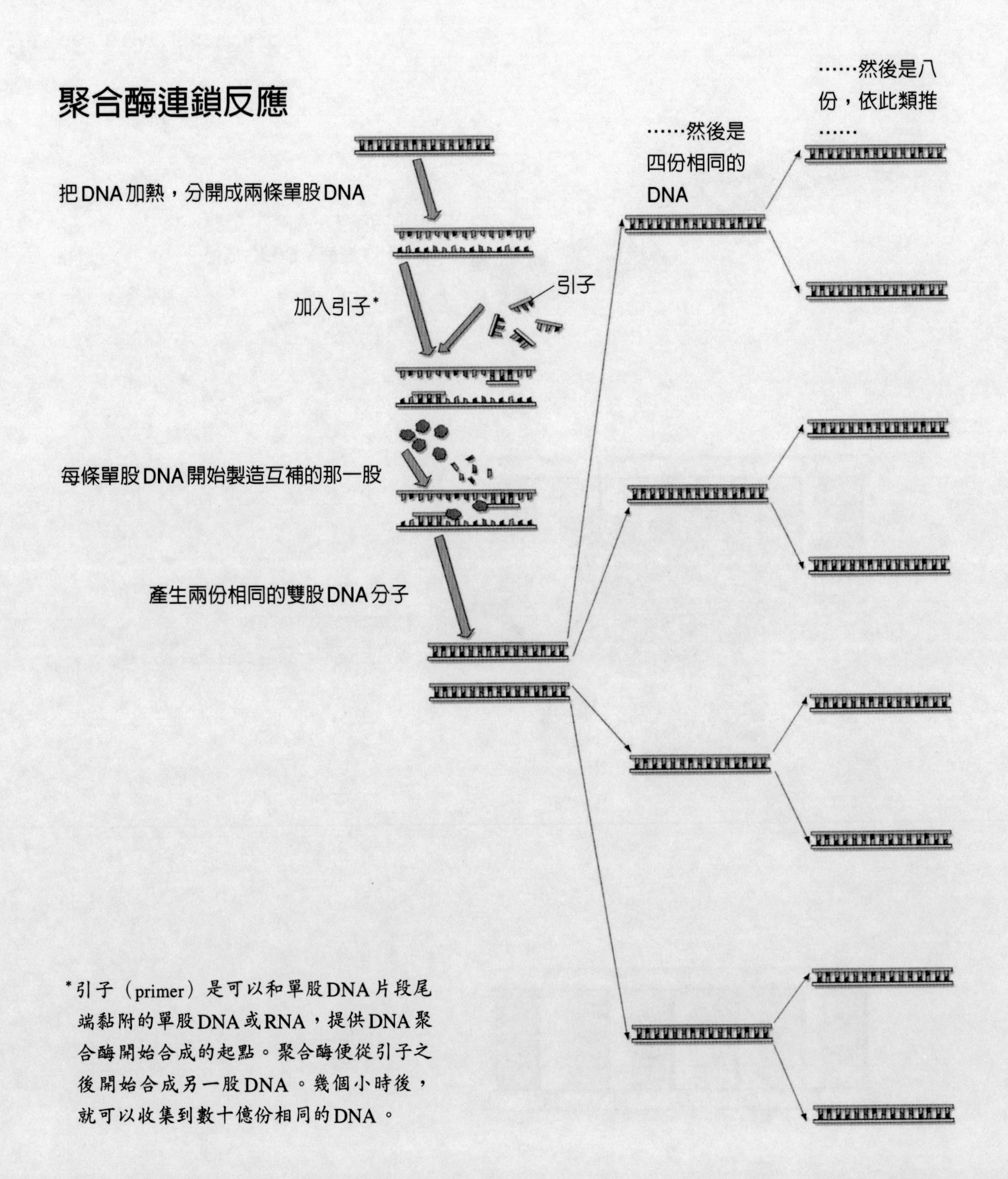

*引子（primer）是可以和單股DNA片段尾端黏附的單股DNA或RNA，提供DNA聚合酶開始合成的起點。聚合酶便從引子之後開始合成另一股DNA。幾個小時後，就可以收集到數十億份相同的DNA。

我們的枝條在哪裡？

伍斯的重大突破填補了演化史上的大缺口。根據伍斯的演化大樹所顯示的物種關係，現在許多科學家相信，細菌和古細菌很早就從它們的共同祖先那裡分岔出去了，形成現存的三大生物域中的兩大分枝。

細胞核誕生

在很久以前，還有一種新細胞也誕生了，它比細菌與古細菌的祖先還大很多，而且有顯著不同的特徵。和細菌、古細菌不同，這種較大的細胞有一個細胞核（nucleus），DNA就保存在核中。科學

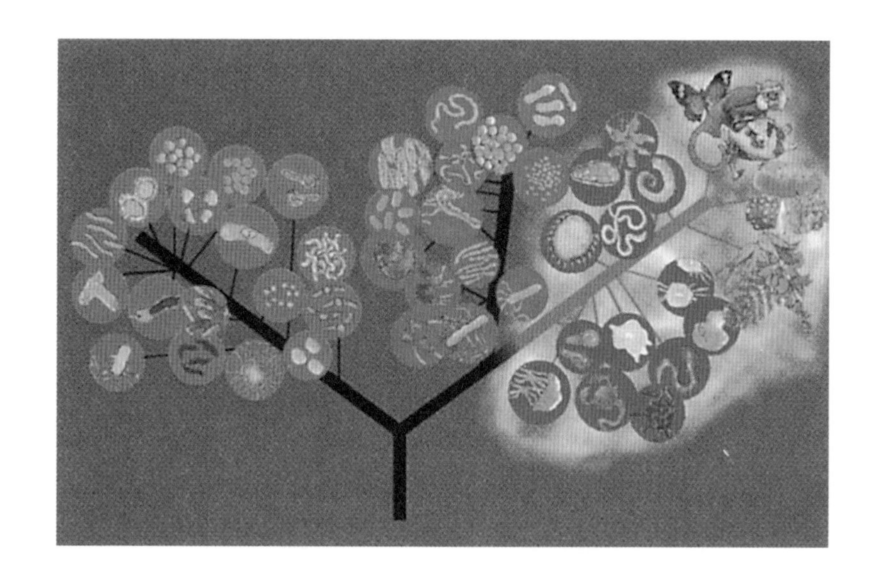

◀包括動植物、真菌、酵母菌、原生動物在內的真核生物（細胞較大，且有細胞核），大約在20億年前就與原核的細菌和古細菌分家了。

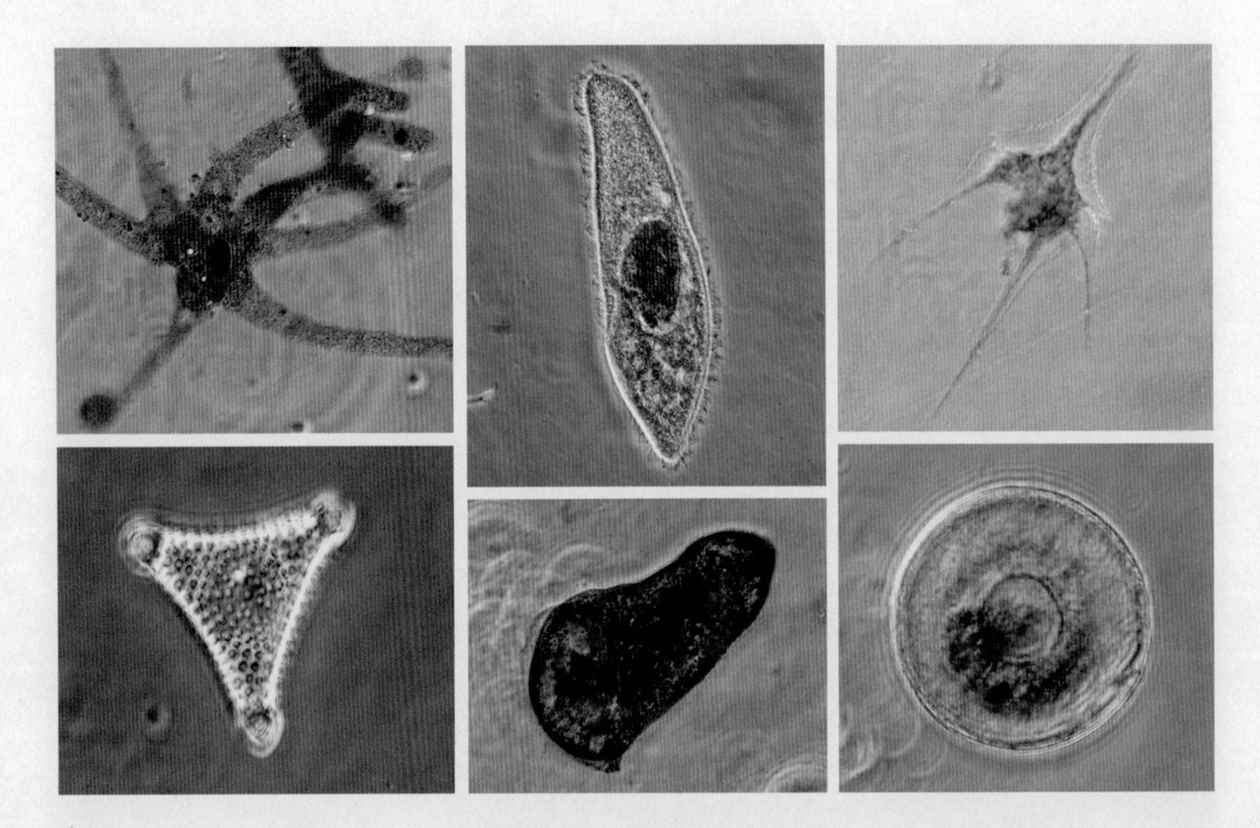

▲
即使是真核世界中的單細胞生物，也充分展現出花樣多變的身體造型。

家將這種新細胞取名爲真核細胞，它是當今所有肉眼可見的動植物（包括人類）的遠古祖先，也是生命大樹上的另一大枝條。

這種有膜包圍的細胞核是如何起源，至今仍是一個謎。不過，我們可以猜測，這樣的設計安排應該能提供它們一些原核細胞所沒有的好處。隨著生命的演化，細胞愈變愈複雜，也逐漸增加對DNA這種訊息分子的需求量，以提供更多的生命指令。DNA的增加勢必造成細胞內各種構造設備的增加，好讓細胞各部井井有條的分工合作，也可保護細胞不受內在或外在力量的破壞。

內膜是個好管家

就現今的細胞而言，細胞裡面的內膜可說是一個好管家，它能有效的分隔各種功能，使各部位的反應能順利進行，不會互相干擾。這些內膜的確爲原始細胞的DNA管理問題提供部分的解決之道。

再者，隨著細胞複雜度的漸增，意味著需要有更多種不同的蛋白質來爲細胞分擔各種任務。由於內膜系統是個好管家，當演化過程使細胞愈來愈複雜，細胞需要的內膜空間也愈來愈多，以確保蛋白質在自己的崗位上恪盡其職，不會四處游離串門子。

很快的，較複雜的細胞愈變愈大，細胞外膜組織也愈來愈多，增多的細胞外膜可能彼此推擠弄皺，不由自主的向細胞內部凹陷，把外膜塞入細胞內部。就在某個期間，懸浮在細胞內的DNA分子以及相連的蛋白質，可能讓誤打誤撞的細胞外膜包圍起來，DNA便這麼給框入一個內室（細胞核）中。

姑且不論細胞核的起源，細胞核幾乎是今日所有眞核細胞（包括人類細胞）保留的固定特徵。當初，這個新設計出現時，立即成爲大受細胞歡迎的機制，使細胞能將重要的遺傳物質另闢空間保存起來，一路流傳至今。

細菌與眞核細胞共結連理

19世紀中期以後，雖然人們對地球生命的演化已有所了解，但對於肉眼可見的眞核生物如何從早期的微生物演變而來，依然是一知半解，有許多問題尚待解決。畢竟，隱形渺小的微生物和精緻複雜的動植物，簡直就像八竿子打不著的兩種世界，很難想像它們之間有什麼關連。

在演化的道路上，我們的單細胞眞核祖先發展出一些能力，把它們和原核細胞的親屬區分開來。它們發明了有性生殖，使得遺傳訊息DNA能在兩相似的細胞間混合、交換與重組；它們也發明了彼此聚集相連的方法，形成多細胞的生物體，並演化出更複雜的系統來互通聲息。這些演變可能帶來許多新形態生物的誕生，迅速的超越細菌域和古細菌域裡那些單調有限的體形種類。

肉眼可見的多細胞生命形式的大爆發，一直要到5、6億年以前才眞正出現，與原核生物的演化過程相比，這是一段不算長的時間。所以相對來講，我們和今日所有肉眼可見的生物間都有密切的關係。我們已知人類的血緣與黑猩猩的血緣十分相近，但其實我們的核糖體RNA基因和其他動植物及眞菌的核糖體RNA基因，也有至少90%的相似性。

除了細胞核如何出現讓科學家想不透之外，細胞內部是怎麼一下子出現那麼複雜的結構，也是困擾著科學家的問題。先前20億年間，緩慢的突變與天擇所主導的事件似乎還不足以解釋細胞內部的重大改變。從原核細胞跳到眞核細胞，這中間的變化實在非常劇烈，如果以樂曲的創作來比喻，彷彿是一夕間把一首簡單的筷子舞曲修改成一闋貝多芬的交響樂章那樣。

真核細胞源自細菌？

19世紀末，隨著顯微鏡日益精良，科學家愈來愈了解動植物細胞的內部結構，讓眞核細胞的演化之謎逐漸露出一點端倪。最明顯的發現之一是，眞核細胞內的某些結構竟然和細菌構造十分相似。

出現細胞核：一種新形態的細胞

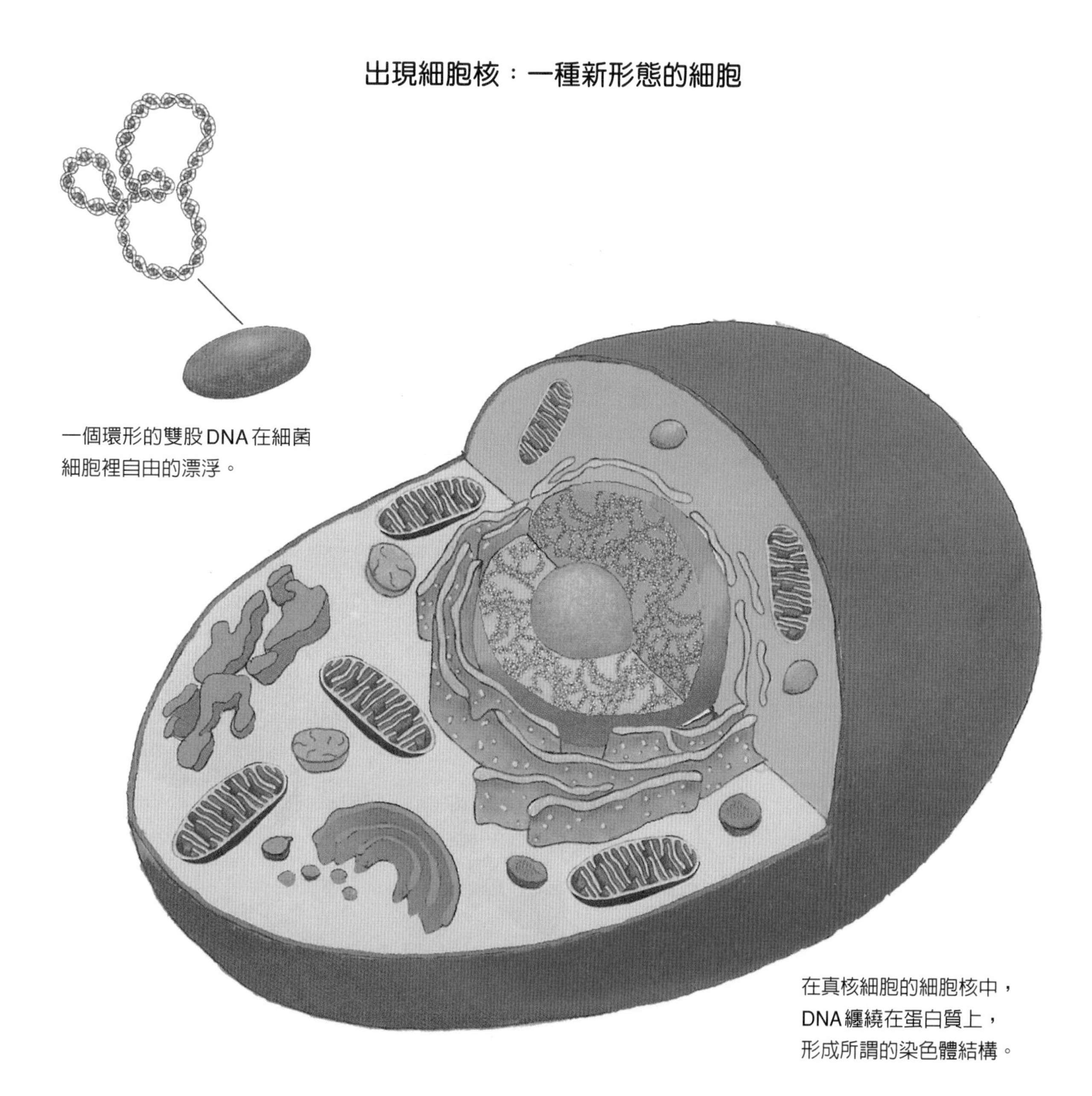

一個環形的雙股DNA在細菌細胞裡自由的漂浮。

在真核細胞的細胞核中，DNA纏繞在蛋白質上，形成所謂的染色體結構。

ATP (adenosine triphosphate)，腺苷三磷酸，一種高能量的磷酸鹽化合物，是細胞共同的能量來源，由粒線體合成。當移除一個磷酸分子時可釋出能量，和副產物ADP。

現今幾乎所有眞核細胞內都可見到一種類似細菌的構造，叫做粒線體（mitochondrion），這是一種特殊的胞器，它的功能相當於細胞內的發電廠。我們的消化系統把食物分解成簡單的分子，這些分子進入細胞後繼續分解成更小的分子，最後會在粒線體內轉化成能量分子ATP，以供細胞利用。

植物、藻類和某些原生動物的細胞內具有另一種類似細菌結構的胞器，叫做葉綠體（chloroplast）。葉綠體看起來和粒線體頗相似，但功能大不同。葉綠體含有葉綠素，能捕捉陽光中的能量，並透過光合作用把能量轉化到食物中。

這些顯微鏡下的觀察，導致19世紀末一位德國生物學家提出在當時頗受爭議的理論：粒線體和葉綠體這些胞器一度是游離的細菌細胞，在過去的某段期間，它們跑進較大的細胞內居住，從此成爲大細胞的一部分。20世紀初的生物學家進一步提出假說：一旦細菌進入大細胞後，兩者發展出互利共生的關係，細菌提供化學能給寄主，寄主細胞則盡地主之誼，提供細菌溫飽的吃住環境。

當時這樣的理論簡直讓人覺得胡說八道，很難接受。不過，隨著我們對細胞的運作愈來愈了解，開始有證據支持這些胞器是源自細菌。現在，這個理論已經確立了。

支持這個理論的科學證據，一部分是根據進一步觀察胞器構造的結果，一部分則是根據胞器所展現的特性。不論是粒線體或是葉綠體，看起來明明就像是闖入眞核細胞的細菌。它們有自己的DNA，與細胞核中的DNA很不同，這些DNA形成一個雙股環狀的結構，就像細菌細胞內的DNA那樣。

再者，粒線體和葉綠體都有自己的一套機器配備，包括有自己的RNA和核糖體，可以自行製造蛋白質。此外，這兩種胞器都可以

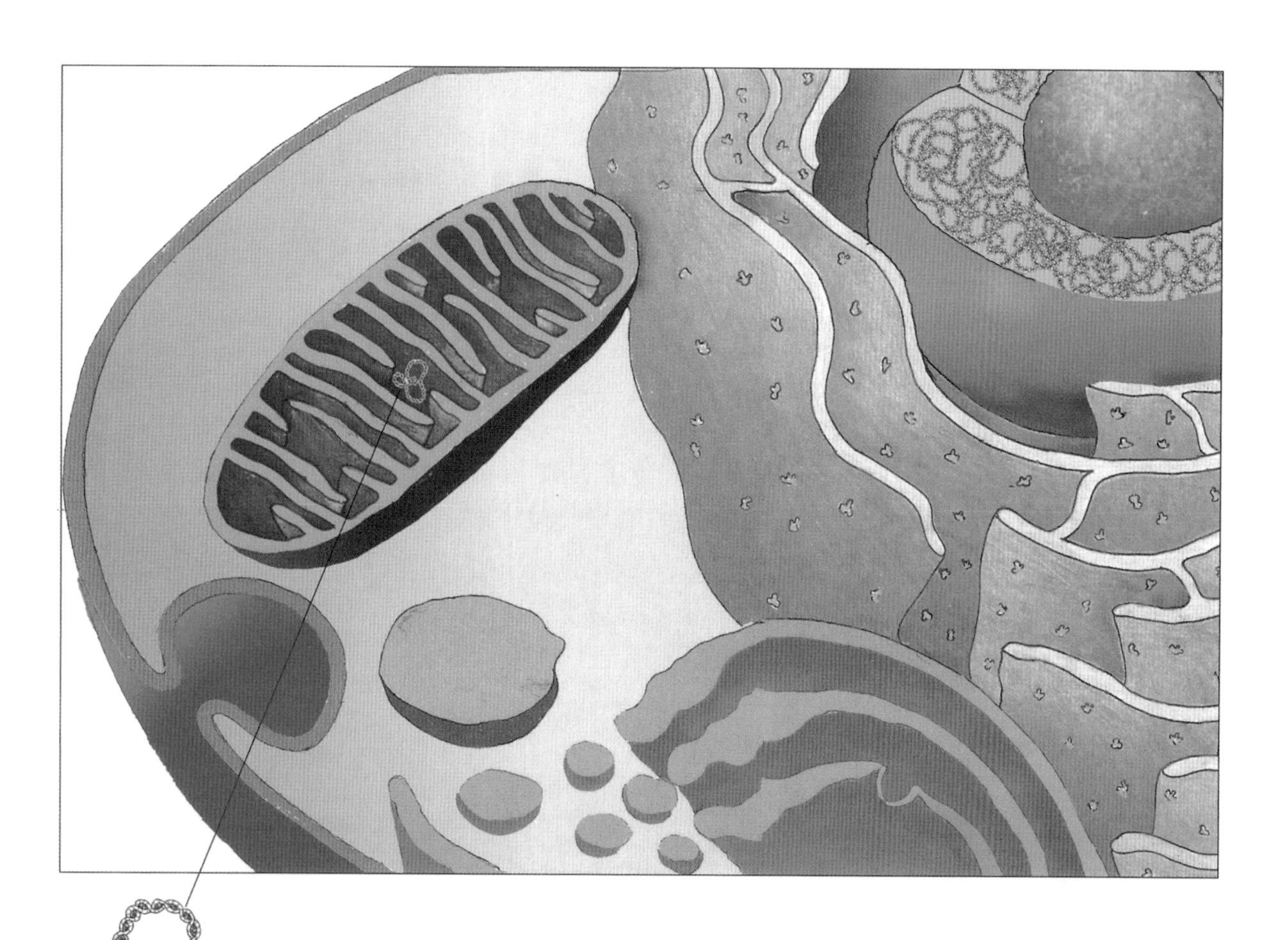

粒線體也有自己的DNA。那是一個環狀的雙股DNA，
和細菌的DNA構造相似。

獨立複製，它們從中間凹陷，把自己一分爲二，就像細菌的細胞分裂那樣。不過這樣的活動當然會與眞核細胞的細胞分裂嚴密配合，以確保每個細胞內維持固定數量的粒線體。

現今的葉綠體甚至與行光合作用的藍綠細菌擁有相同的外觀，這是不是太神奇了呢？（藍綠細菌是一群很成功的微生物，它們盤據在地球的許多角落，幾乎有陽光的地方，就有它們的足跡。）

粒線體如何找到歸宿？

細菌和眞核細胞這兩種獨立的生命形式到底如何結合成互利共生的一家人呢？就粒線體的例子而言，科學家猜測，過去可能有一些高度侵略性的細菌入侵某些細胞，在裡面騙吃騙喝定居下來，就

從入侵者到細胞內的胞器？

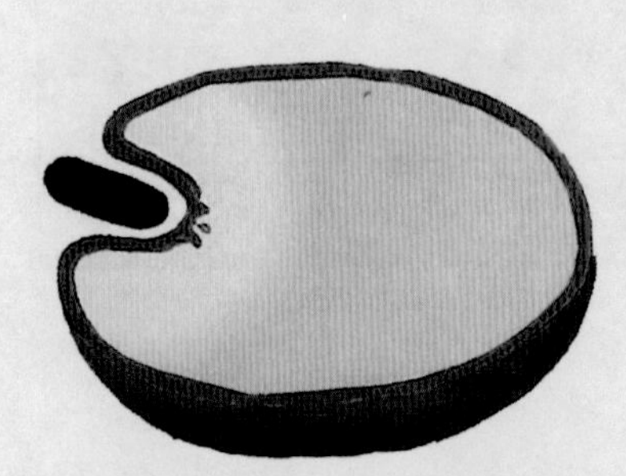

1. 一隻寄生細菌入侵一個較大的細胞。

2. 它能夠在細胞內複製，並開始與寄主細胞分享它的代謝產物。

3. 經過好幾個世代後，入侵者和寄主發展出互相依賴的關係，兩者都可以獨立複製，但彼此步調一致，搭配得很好。

像外星訪客般。現今，確實有一些細菌還過著這種生活。

有一種叫做蛭弧菌（*Bdellovibrio*）的微生物，是細菌的寄生菌，能附著在細菌獵物上，把自己變成一種高速鑽子，猛烈的鑽透細菌體壁到內部去。接著，它會由內向外把這細菌獵物吞噬掉，留下死亡的細菌空殼。

不過這種細菌不太可能是粒線體的祖先，倒是有一種叫做立克次體（rickettsia）的細菌，可能性比較大，至少有可能是某些粒線體的前身。瑞典一群科學家比較眞核的酵母菌細胞裡的粒線體DNA，與現代版立克次體的粒線體DNA。結果發現兩者的DNA序列碰巧有很多相似的地方。立克次體的複製甚至得完全仰賴入侵一個細胞，才能辦到。它們放棄了自行打造DNA基本組成物的能力，轉而依靠寄主提供必需的建材。立克次體所表現出來的這種特性，或許象徵著細菌邁向長久寄生眞核細胞的一個過渡階段。

粒線體的起源——寄生的細菌

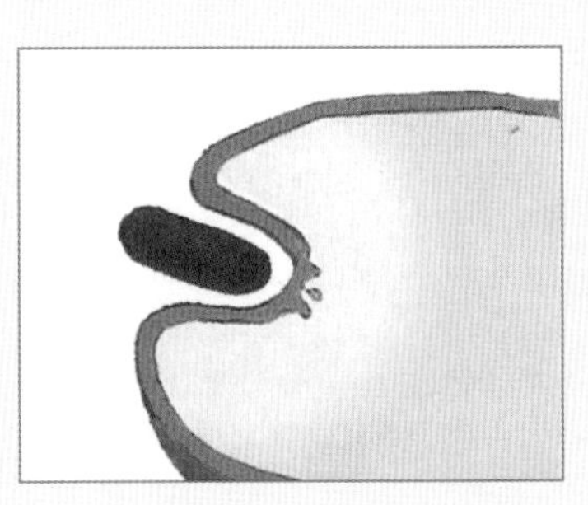

身分：前身是細菌

住所：幾乎所有的真核細胞內

嗜好：製造能量

活動：身為製造能量的傢伙，這種微生物很類似當今存在幾乎所有真核細胞中的粒線體（細胞內的發電廠）；它們的祖先可能在真核細胞演化之初就進駐進去了，且代代相傳至今。

不速之客找到避風港

細菌這樣入侵細胞，或許能帶來短暫的成功，但這種攻城掠地、破壞性很強的謀生方式，恐怕不消多久就會把細胞消耗精光，到時就沒有細胞可入侵了。因此一定得尋求新的適應之道，讓彼此能和平共存下去。

也許在某個時候，突變和天擇開始修改兩者的關係：說不定遭入侵的細胞（獵物）變得比較有抵抗力，不再那麼不堪一擊；又或許細菌（掠食者）變得比較溫和；也可能兩者都發生改變。總之不管它們怎樣調停與和解，最終的結果是形成各取所需、平等互惠的聯姻關係：遭入侵的細胞從入侵者那裡獲取能量，入侵者則經由入侵而得到充足的食物供應與安全的避風港。

當今幾乎所有的眞核細胞（包括人類細胞）都含有粒線體，我們可以把這種胞器看做是很久以前入侵的細菌代代相傳下來的後裔。所以，儘管細菌一開始是兇猛的侵略者，但演化改變了它們的性情，最後導致粒線體在眞核細胞內崛起。

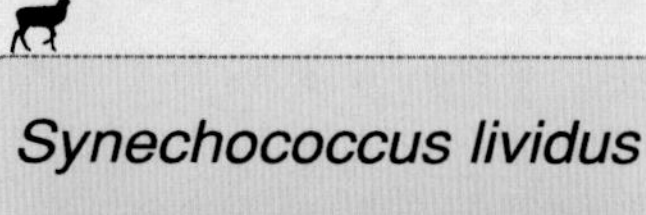

Synechococcus lividus

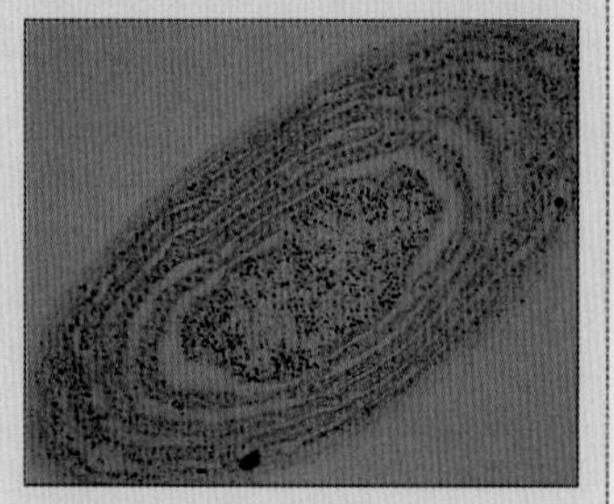

身分：光合細菌
住所：水中
嗜好：日光浴
活動：身為製造氧氣的傢伙，這種光合細菌酷似葉綠體這種存在當今植物細胞中的重要胞器（能將太陽能轉化成食物中的能量供植物細胞利用）。

媽咪，我把葉綠體吃進去啦！

眞核細胞出現葉綠體的時間發生在粒線體出現之後，這是因爲有一組特殊的原始眞核細胞踏上不同的演化之路，產生另一種生活方式。因此，不論是植物、藻類、眞菌、昆蟲、人類及其他動物都有粒線體，但只有植物、藻類、以及少數的原生動物具有葉綠體。由於葉綠體能將太陽能轉化成食物，使植物和藻類都能自給自足。

科學家猜測葉綠體的起源恰與粒線體相反。它們是以食物的身

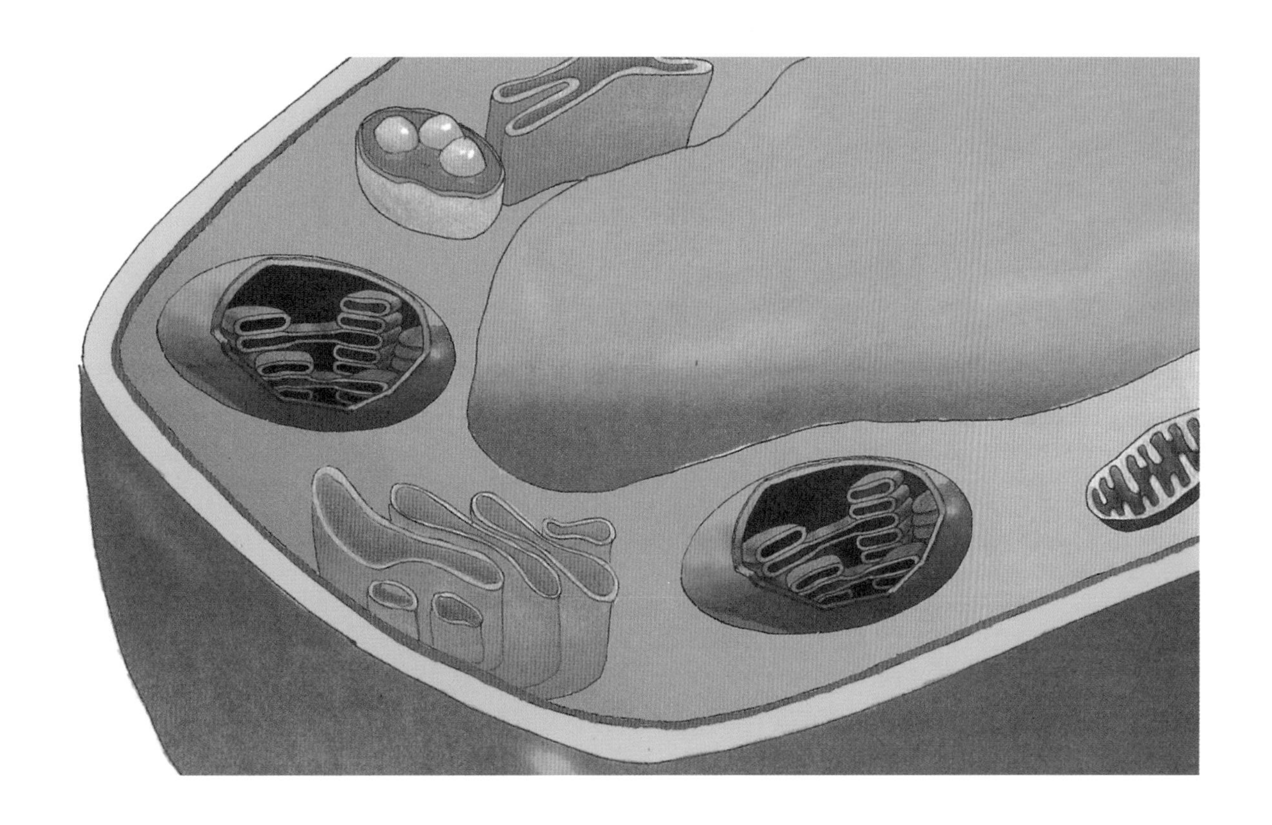

分進入寄主細胞，而不是像粒線體的祖先那樣入侵細胞。

說不定光合細菌曾是遠古某種細胞的獵物，它們被較大的細胞攝取後，僅部分給消化掉。你不妨想像當第一個細胞在吞入葉綠體的祖先後，發現這獵物竟然能夠把陽光轉化成源源不絕的食物，它一定高興得不得了。漸漸的，細胞手下留情不再濫殺無辜。所以經過了幾百萬年的「不消化」作用，光合細菌也和真核細胞發展出和諧美滿的婚姻關係。看看當今所有能行光合作用的真核細胞，就是這段千古姻緣最好的見證。

現代版的微生物聯姻

過去幾年來，美國田納西大學的細胞生物學家鍾光（Kwang Jeon），一直在實驗室裡研究變形蟲（或稱阿米巴原蟲，是一種單細胞的原生動物）。變形蟲長得有一點像恐怖電影「變形怪體」（The Blob）中的怪物，只是體形小很多。有一陣子當鍾光餵食變形蟲時，卻發現好像有什麼東西不對勁。原來他所養的變形蟲都失去緩慢移動的特性，連形狀也發生改變。看樣子，它們好像生病了。

在那之前，鍾光剛收到一批新的變形蟲，並分裝在不同的容器中，與他先前從世界各地採集到的變形蟲並列放置好。過了幾天，他忽然發現培養的變形蟲幾乎都死光光了。當鍾光了解原因之後，十分錯愕。新到的變形蟲顯然引進一種細菌感染，這些細菌陸續侵入他先前培養變形蟲的容器中。當他檢查受害的變形蟲，發現它們細胞內含有大量的病菌。他以為這下子所有的變形蟲都會死光光。

然而，他判斷錯了。有一小群先前培養的變形蟲竟然存活下來。但奇怪的是，逃過細菌肆虐的變形蟲並不是健康情況特佳的一群。它們一個月僅分裂一次，而不像健康的變形蟲，每隔二、三天就會分裂一次。這群存活者也很敏感，一點點溫度或食物的變化，都會影響它們，而且它們細胞內仍然帶有感染的細菌，只是數量不太多。

鍾光決定幫這些可憐的病蟲治療細菌感染。當他把只會殺死細菌的抗生素摻入食物中餵食變形蟲時，竟然出現細菌和變形蟲同歸於盡的情形。接下來的五年，鍾光仍持續研究變形蟲。他把抵抗力較好的變形蟲挑選出來，剩下的都讓它們自己死掉，最後他總算發現一群「細菌化」的變形蟲，除了細胞內有細菌寄生之外，這些變形蟲一切正常。

經由一連串的實驗，鍾光展示了這種細菌與變形蟲的共生關係：該細菌無法生存在變形蟲體外，而變形蟲沒有細菌也活不下去。鍾光在這場實驗過程中，可能見證了與發生在16億年前的演化事件相似的事情，那時真核細胞的模型正在大自然的實驗設計中。

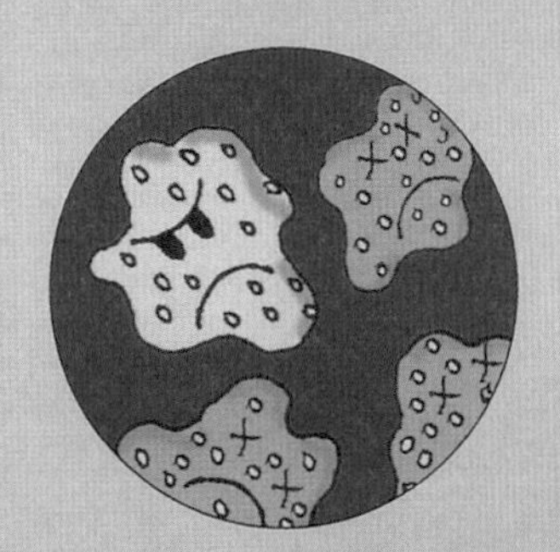
鍾光先前培養的變形蟲

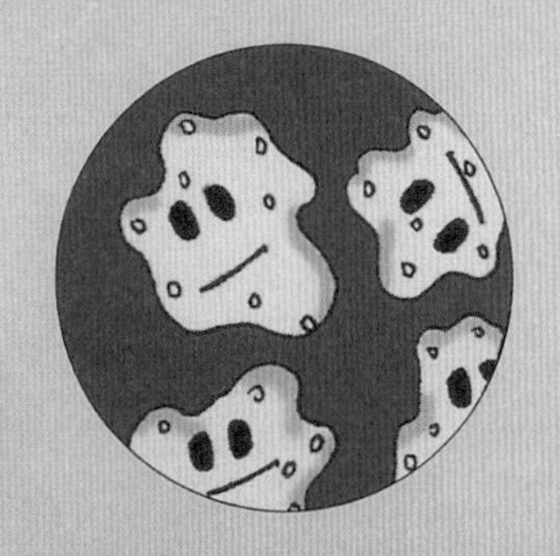
經過好幾代的適應，試著與入侵的細菌和平共處

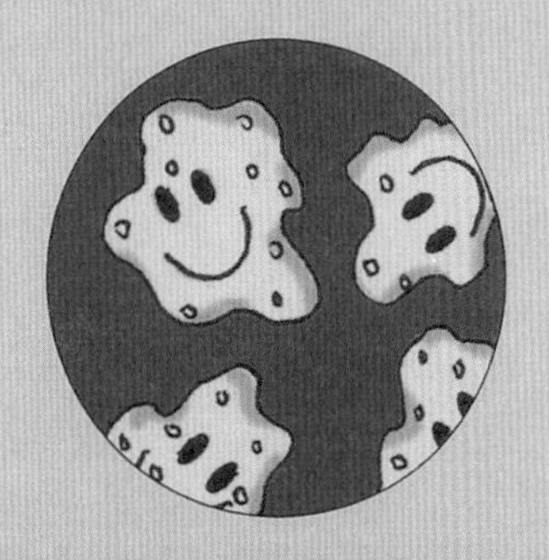
一直到最後，兩者演變成相依為命的夥伴

了解了粒線體和葉綠體併入眞核細胞的始末，啓發我們看待演化的新角度：合作關係似乎和競爭關係一樣重要，都是演化中旗鼓相當的動力。例如使眞核細胞出現這兩種胞器的合作關係，確實在多細胞生物的演化中扮演關鍵的角色。

從一到多，從多到一

生物世界中最懸而未解的大哉問之一就是：多細胞的生命形式如何從單細胞生物中演化出來。不像單細胞生物那樣從頭到尾都靠一個細胞單打獨鬥、照料生活細節，多細胞生物是由多種不同類型的細胞組成的，每一種都負責不同的功能。雖然我們不可能一步一步追蹤出導致多細胞生物崛起的所有事件，但許多科學家相信，我們可以從微生物世界中找到一點蛛絲馬跡。

黏菌與菇類

來看看黏菌（slime mold）這種奇特的生物。當食物充足時，黏菌是以單獨的細胞生活在土壤中。當食物稀少時，黏菌細胞會釋出訊號，呼朋引伴，使大夥兒凝聚成一團我們肉眼可見的東西。更特別的是，這群湊在一塊兒的黏菌團竟開始分工起來，有些細胞分化成一根長柄，有些形成孢子（spore，這是一種特殊的生命形式，可以幫助黏菌渡過難關，直到環境改善後再恢復生機）。它們藉由在細胞間來回穿梭的化學訊號，來決定每個細胞最終將扮演什麼角色。

當我們研究多細胞生物的發育過程，也可以發現類似的化學訊號主導著每一個細胞的命運，譬如有的變成皮膚細胞，有的變成神經細胞等等。

說到菇類（mushroom），我們總會想到它們是一種精巧細緻的東西，生長在雨後的森林地表或是草坪上，你也可能想到市場上形形色色的食用菇類。但實際上，菇類是一種眞菌，在生命週期的大多數時候，主要是以菌絲的形式存在，而菌絲本身是由一些肉眼看不見的微小細胞所組成的線狀物。

由於每一個構成菌絲的細胞都是一個自給自足的單元，所以我們把菇類歸入微生物。菌絲僅在生命週期的某個階段聚攏起來，並分化成各種不同的功能與部位，與前述的黏菌行爲頗類似。這麼做

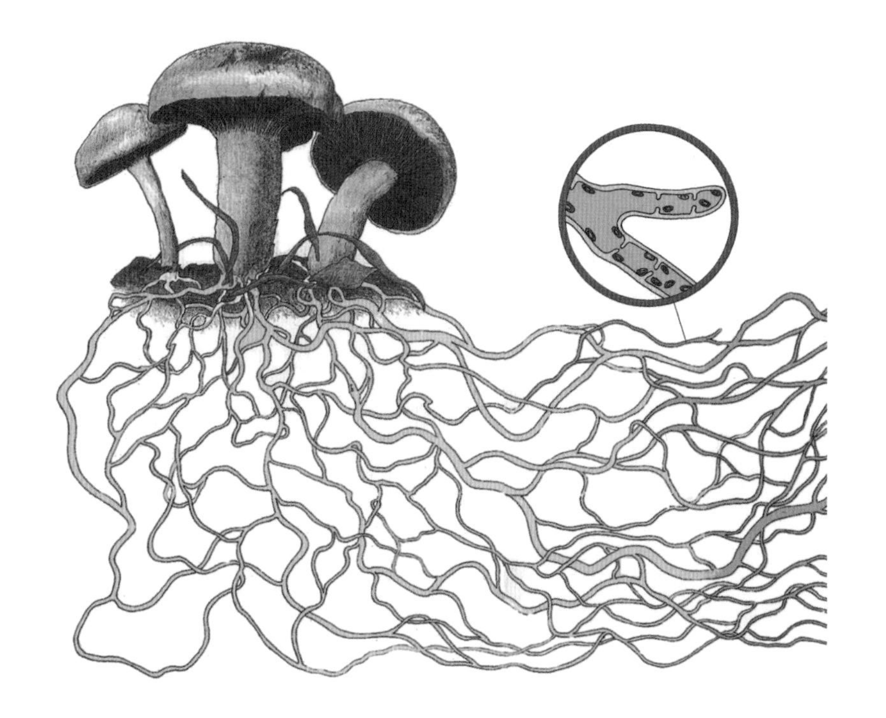

◀
一個香菇僅由幾種細胞組成，且每種細胞都有不同的功能。

的目的是要繁衍後代，最後會出現一種美麗且肉眼可見的構造，我們稱爲「香菇」。

在某種類型的微生物社群中，我們可以見到一組更有趣的線索，裡面各種微生物很懂得分工合作的道理，就像多細胞生物那樣，不同的菌種執行不同的任務。好比說，有些負責從環境中直接攝取食物，轉化成其他成員也可利用的化合物；有些會製造類似黏膠的物質，把社群中的每個成員凝聚在固定的地方。

在這樣的微生物社群中，成員都非常依賴彼此。因此若有一個成員給移除了，社群的運作情況就不如原來的理想，要是很多成員都給移除，整個社群可能就瓦解。

我們不難想像，當初這種單細胞互助合作的情形愈演愈烈，終於成爲不可分家的群體，爲後來的多細胞生物的崛起奠定基礎，終於造就今日繽紛多樣的生物世界。

演化大躍變

DNA裡面還隱藏著什麼玄機呢？從閱讀當今生物的基因組中，我們還能發現哪些關於生命起源與演化過程的奧祕呢？

DNA技術已讓我們從伍斯做研究的年代向前奔騰飛躍。今日，科學家所關注的基因，遠超過當初唯一鎖定的焦點——核糖體RNA基因。

後來的研究結果證實了，當初以核糖體RNA基因所建立的生命大樹確實無誤。不過，其他的研究提供了更驚人的結果。

從基因建構的大樹

隨著科學家在不同的微生物間比較的基因種類愈來愈多，大家也愈來愈困惑。科學家發現，如果利用其他基因來比較菌種的相關性，會產生一株與先前很不同的演化之樹，而且所比較的基因不同，則所得到的大樹也不同。怎麼會這樣呢？

通常我們都假設基因是垂直轉移的，也就是從母細胞傳給子細胞，從親代傳到子代。如果這樣的假定屬實，同一物種裡的所有基因（即基因組）應該一起平行演化才對，也就是說，不管科學家從基因組中挑出任一個共有基因來做比較時，應該都會產生結果一致的演化之樹。

水平基因轉移

但現在問題是，在菌種間做幾種共有基因的比較，每次都產生完全不一樣的演化之樹，原因究竟何在？其實，答案就隱藏在細菌

▶

在DNA池中游泳

微生物有一種特長，就是能從環境中捕捉游離的DNA。這種能力導致微生物可獲得新的性狀。

間常見的一種現象，叫做「水平基因轉移」（見次頁）。也就是說細菌能把基因直接轉移給它的鄰居！這種感覺就好比當你和朋友握個手，他就可以把自己的基因傳給你那樣。這種轉移的過程與垂直轉移很不同，所謂的垂直轉移是發生在細胞分裂期間，母細胞的基因要傳給子細胞時。

在水平轉移中，細菌甲可以從細菌乙那邊直接接收基因。於是得到新基因的細菌甲便表現出新的特徵或能力。水平基因轉移的策略有很多種，在演化的漫長過程中，細菌似乎早就懂得善用這種本事。

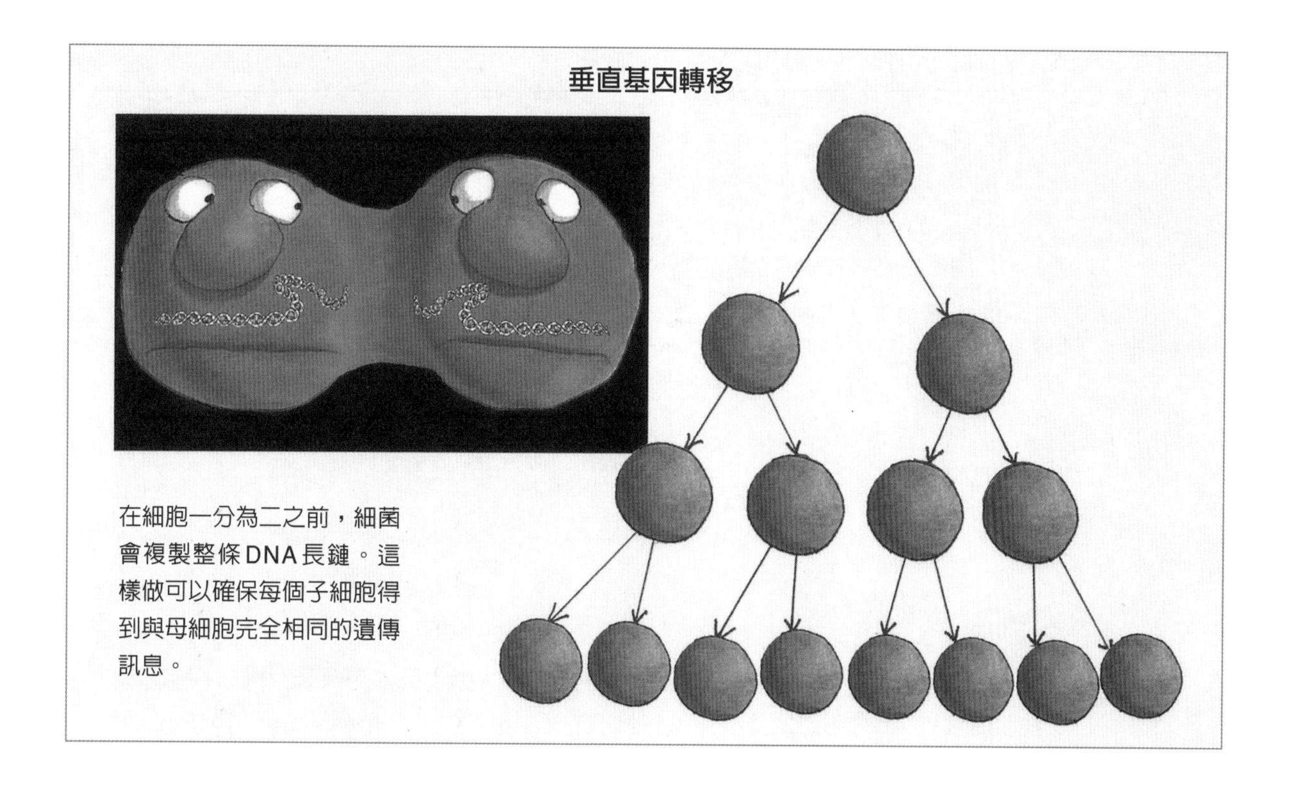

在細胞一分為二之前，細菌會複製整條DNA長鏈。這樣做可以確保每個子細胞得到與母細胞完全相同的遺傳訊息。

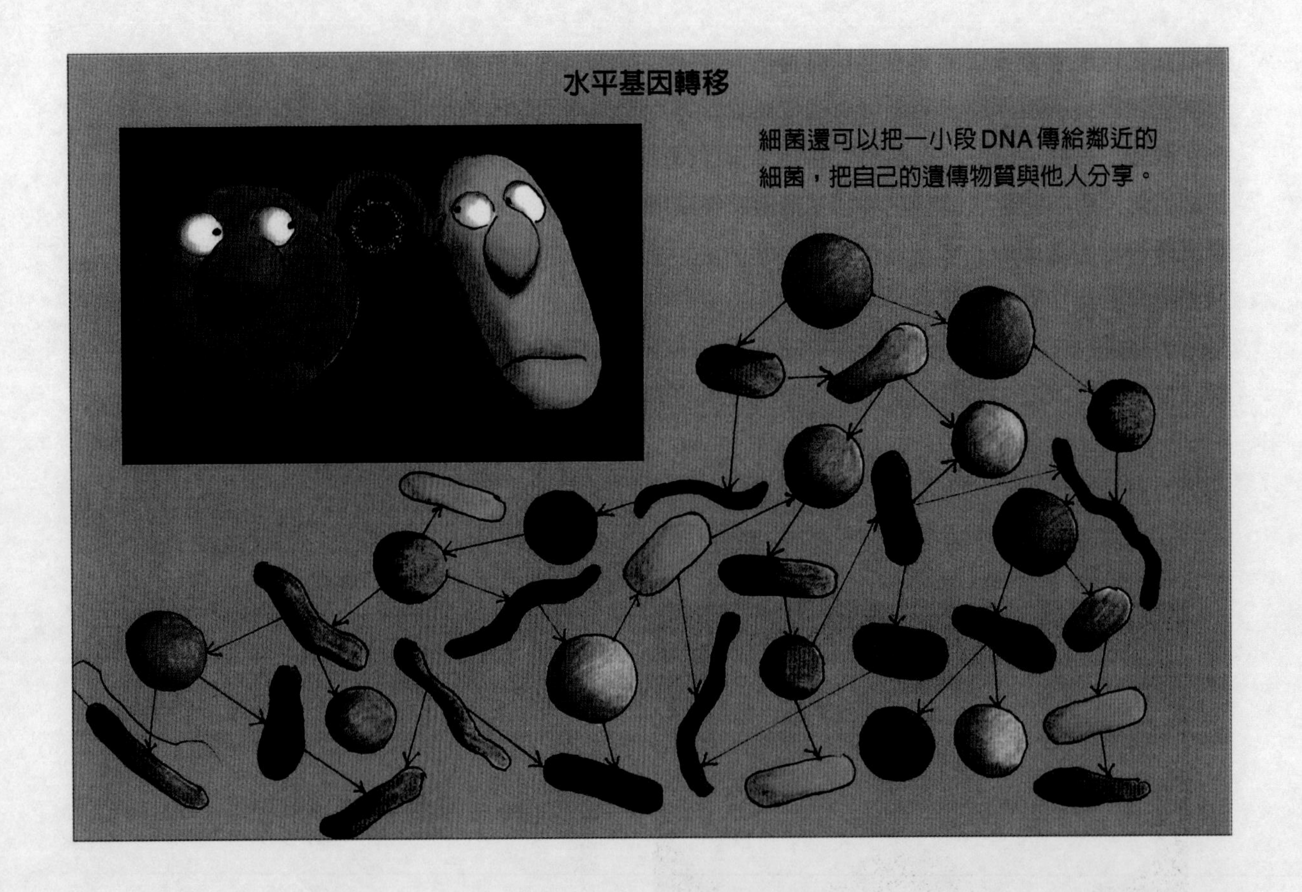

也許水平基因轉移和垂直基因轉移兩種機制可以解釋，爲何建構菌種的演化大樹會導致如此複雜矛盾的結果。一種細菌基因組內的個別基因，也許都有不同的源頭（族系）。根據任一個基因所建構起來的演化之樹，只能顯示那個基因的演化途徑，未必能代表該細菌的演化過程。如果細菌的每一個基因都能發生水平轉移，那麼根據每一種基因所建構起來的演化大樹，都會出現枝條分布大不同的面貌。

細菌基因大洗牌

不過，並非所有的基因都表現出與伍斯的核糖體RNA基因大樹迥異的結果。有些基因在物種間比較之後，也產生類似的演化大樹。這些基因和核糖體RNA基因一樣，是負責所有現存生物細胞都需要的某些功能，它們可能是維持生命運作的基礎，包括製造蛋白質的過程，以及維持與傳遞遺傳訊息給下一代。

這些生命的基本功能也許在最早期的細胞中已演化出來了，畢竟這些原始的生命形式早在三大枝條分岔之前，已存在很久了。

有福同享

水平基因轉移是獨立的作業，它允許細菌接收一整捲的「基因卡帶」，上面也許包含了製造多種蛋白質的基因訊息，例如製造某些新型酵素的基因。使得獲得此基因卡帶的細菌能生產新型酵素，去分解新的食物來源，幫助細菌度過食物短缺的難關。

細菌可以主動把一些有非常實用功能的基因，迅速轉移給許多其他的細菌。譬如說，某些能對抗生素產生抵抗力（抗藥性）的基因，只需幾個月的時間，就可以散布到全球各地的細菌中，而不用透過幾千年幾萬年的演化過程，讓你還得在那邊推測細菌是不是藉由突變和天擇才出現這種特性。

更出人意料的是，接收基因的細菌不見得是同一種細菌，施者與受者顯然不必是關係密切的菌種。

就以細菌域和古細菌域來說，現在科學家相信，有某些基因在這兩大微生物成員間彼此交換。在肉眼可見的世界，這就好比一隻

植物和動物可能交換基因嗎？

在多細胞生物之間，遺傳訊息不可能輕易發生轉移的。

飛過的蜜蜂把開花的基因從這棵樹上帶到另一棵不開花的樹上。

這也難怪我們常常讓生物在演化上的確實關係給搞糊塗了，一下子是這樣的大樹，一下子又是另一種枝條不同的大樹。不過，了解基因會水平轉移這件事實後，再度改變我們看待地球生物如何演化的觀點。

細菌能在種類繁多的微生物世界慷慨的分享自己的基因，讓許多菌種都能快速順應環境中的改變，眞是充分展現了「有福同享」的同胞愛。但在肉眼可見的生物世界中，基因不可能這樣隨心所欲的轉移，而必須仰賴突變、遺傳、天擇等一系列十分緩慢的過程。

基因可分享，加上能在短時間內繁殖，也許是造成微生物稱霸地球各個角落的兩大因素。微生物的種類多、數量也多，不愧是地球上最成功的居民。它們是最早出現的生命，也可能是地球上存活最久的生命，因爲基因的水平轉移使微生物能迅速適應不斷變化的環境。具有高等智慧的我們，是否有能力伴隨微生物走到遙遠的未來，還是個未知數呢！

為嗜高溫菌 *Thermotoga maritima* 的基因定序

*Thermotoga maritima*是最早接受基因定序的微生物之一，如今它們基因組上的DNA序列已完全解出了。這是由基因組研究中心（The Insitute for Genomic Research）的尼爾森（Karen Nelson）所率領的團隊完成的。

就在完成基因定序後，尼爾森和組員都一致認為，重大的科學突破就在前方。根據基因的序列，他們判斷這種微生物早在細菌和古細菌分家之前就已經存在。這的確是令人興奮的發現，因為如此可將*Thermotoga maritima*菌擺在最靠近生命源頭的地方，象徵它是目前已發現的微生物中最原始的一種生命形式。

不過隨之而來的卻是令人失望的發現。儘管*Thermotoga maritima*的基因有將近25%和古細菌的成員相似，但比對它的核糖體RNA基因序列的結果，卻使它給歸到細菌域那條分枝上。待研究團隊仔細分析了*Thermotoga maritima*的基因組，卻產生另一種結果。

原來，這種細菌很可能是展示快速演化的典範，它們的許多基因似乎都是從古細菌那裡水平轉移過來的。雖然*Thermotoga maritima*也許不再是最靠近生命源頭的菌種，但科學家還是很高興能揭開它們的DNA序列，因為它提供證據顯示，在不同的微生物之間，有大量的基因在彼此交換著。

尼爾森從小生長在牙買加島，周圍都是天然的環境，她說：「我著迷於解開許多問題的答案，這是五年前或十年前的科技所辦不到的。現在我們一次就能解決一種微生物的整個基因組序列，對我來說，實在太過癮了。」

向前走，向後走

對某些人來說，可能很難理解細菌這麼微不足道的東西，竟會是我們的遠祖。畢竟，細菌和人類的外觀、形體實在相差十萬八千里。但如果你願意追蹤族譜，一路回溯到生命的起點，就會漸漸了解，所有在地球上生存的生物，都有許多共同的特徵。根據我們DNA中保留的印痕，不可避免的把我們連回地球上最早發跡的生命形式——也就是至今仍稱霸地球的單細胞生物。

甚至更難令人認同的是，細菌竟會是地球上最成功的生命形式。別小看它的構造如此簡單，它們卻有獨到的本事可以在各種環境中求存繁衍。細菌的多項發明至今還保留在世上。30億年來，細菌是地球上唯一的實驗家，創造出各種基本的代謝反應、移動、細胞分裂、有性生殖、以及溝通方式等等。它們將繼續扮演這樣的角色，直到遙遠的未來。

我們人類不過是龐大的演化交響曲中的一小段即興曲，這闋交響曲主要由細菌演奏了幾十億年，直到晚近才有新的成員上場。但人類這後起之輩卻開始插手這過程，主導演化的進行方向。生物科技的發明畢竟還是讓我們超越了細菌使用了至少35億的基因操作術，我們不僅迎頭趕上它們的發明，還能操控它們的基因。

人類的未來會有怎樣的成就呢？我們的努力可能愈來愈集中在某個方向上，但細菌卻致力於範圍廣泛的實驗。當我們還在擔心基因轉殖所產生的新種玉米會不會有問題時，細菌早已創造、測試、又丟棄了上百萬種可能的新生命形式。

我們相信遲早還是有人會擔心，人類是不是誤闖或踏上一條危險的不歸路。但現在大家不可忽略的是，從演化的角度來看，人類不過是交響樂團中一個敲鐃鈸的小角色。如果我們想要改善世界的努力走偏了方向，我們可能發現自己終將面臨滅種的厄運。

不管地球上有沒有人類存在，演化的過程依舊會進行下去。生命也會持續展現它所擅長的絕活——適應和演化。

譯後記

看不見的珍藏

李千毅

曾幾何時，微生物學成了科普閱讀版圖中的新寵兒，坊間談論細菌、病毒的書籍愈來愈多。或許因爲人類世界三不五時就傳出可怕的流行病，讓大家對這些小東西多了一點好奇心吧！然而，微生物學是一門既深且廣的科學，怎樣才能恰到好處的把它介紹給大眾讀者，本身就是一門學問。

《觀念生物學3、4》便是要爲大家闡釋微生物學裡的重要觀念。作者帶領大家走出冷峻的實驗室，在自然界中還原微生物的眞實面貌，以純熟的技巧，述說一則一則發人深省的故事，書中迴避了艱澀、複雜的專業知識，把科學變成像小說那樣動人好看。說穿了，用心無非是想把微生物學引進我們的生活中，作者這麼說：「人人都應該對微生物感興趣，因爲它們與我們的生活息息相關。」所以大家不妨撇開顯微鏡下的微觀世界，以巨觀的角度去認識這群肉眼看不見的生物。

微生物和人類到底有什麼關係？可別以爲它們只會搞破壞，其實我們能活在這世界上，還多虧它們的幫忙。微生物是推動物質循環的幕後功臣，也是把所有生命連結成複雜網絡所需的「黏膠」。說它們是地球生物圈的守護神，一點也不爲過。

試想，當這些腐生性的微生物消失了，動植物的屍體無法分解，大量的碳元素受困在這些死屍中，重返大氣的二氧化碳愈來愈

少，最後碳循環將停擺，而生命也走向滅亡。

儘管我們與大多數微生物相安無事，但是有些細菌、病毒、眞菌就是喜歡找碴，給我們帶來各種疾病。某些微生物引起的大規模傳染病甚至改寫人類的歷史，歐洲中古世紀所發生的黑死病就是一例。然而隨著科學與醫療的進步，人菌的交戰也愈演愈烈，彷彿是一場永不休止的軍備競賽。當人類發現了抗生素，細菌就發展出抗藥性來對付；當我們設計出更新的抗生素，它們又演化出更高明的抵抗力，可謂「道高一尺，魔高一丈」。究竟人類有沒有辦法戰勝微生物？關於此，書中有獨到的見解。

大家也許聽過這個比喻：「把地球45億年的歷史壓縮成一天裡

的24小時，地球在剛過子夜的第1秒誕生了。接著到凌晨4、5點，微生物出現了，過了十幾個鐘頭，直到晚上9點，總算出現較大型的生物。而人類一直要到子夜前的幾秒鐘才冒出來。」可見微生物是地球上最早的居民，說它們是我們的祖先，也許有人會嗤之以鼻。但偏偏你身上有的東西，這些微生物身上也不缺，從DNA、RNA到蛋白質，人類和細菌利用相同的分子與機制來運作生命，就是這種共通性讓我們相信地球上的生命是經過漫長的時間演化出來的。

如今細菌仍是地球上數量最龐大、求生本領最高強的物種，它們覆蓋在地球的各個角落，無論是冰冷的極地、高溫的海底熱泉、或強酸、強鹼的環境，都有它們的蹤跡。微生物小歸小，卻有許多特性是高等生物望塵莫及的。基因的水平轉移與迅速的繁殖速率，讓細菌不斷的演化，儘管生物科技的發明，使科學家迎頭趕上細菌使用了35億年的基因操作術，但當我們還在擔心基因轉殖的新種玉米會不會有問題時，細菌早已創造、測試、又丟棄上百萬種可能的新生命形式。可以肯定的是，不管地球有沒有人類存在，細菌依舊在漫長的演化歲月中走著它的路。我們仰賴它們的地方，遠超過它們對我們的需求。面對這樣的事實，我們能不感到自己的渺小與短暫嗎？

微生物是自然界中看不見的珍藏，它們不愧是地球上最古老也最成功的居民。就在生物科技突飛猛進的今日，我們在開發利用微生物之際，也要以無比的智慧拿捏好分寸，和這群小東西保持平衡和諧的共生關係。誠如作者所言：「我們不在萬物之上，也不在萬物之外，我們恰恰也是地球龐大複雜的生物網中的一部分。我們的任何抉擇都會影響到這張生物網的穩定性。」因此我們怎樣對待微生物，都將關係著人類與地球的未來。

微生物世界的故事說也說不盡，如果您的閱讀胃口偏向吃巧不吃飽的美食主義，那麼《觀念生物學3、4》值得您細細品味，因爲書中涵蓋的盡是充滿啓發的觀點，從環境、科學、農業、醫療等領域，闡述著微生物與人類的關係，讓我們放下對微生物的偏見，以全新的視野看待生命。本書延續《觀念生物學1、2》的圖文並茂風格，別說書中精闢的見解與生動的妙喻引人入勝，光是手捧翻閱之際，就是莫大的視覺享受。

誠然好看的書，自己會說話，無需譯者大放厥辭，但有幸接觸到這麼棒的書，譯者在大快朵頤之後，實在忍不住要「呷好到相報」，就算略盡一點文字工作者的道義責任囉！相信讀者也會有同感喔！

圖片來源

除特別標示外，本書圖片均由作者提供，照片均由「Intimate Strangers」影片剪輯而得（攝影指導爲Stuart Asbjornsen、Blake McHugh以及Mitch Wilsom）。以下列出其他圖片來源。

繪圖

Tony繪製：p.24、p.28、p.32

圖片提供

Alaska Resources Library and Information Services提供：p.81

J. William Schopf提供：p.96

NASA提供：p.30

U.S. Department of Agriculture提供：p.41

Visuals Unlimited提供：p.79（George Loun攝）、p.79（D. Foster攝）、p.146（Elizabeth Gentt攝）

東吳大學微生物學系張碧芬教授提供：p.45-46、p.82、p.97、p.138

夏國經提供：p.71

蕭忠義提供：p.33、p.59

富爾特影像提供：p.60左圖、p.68、p.94

《遠見》雜誌提供：p.27（郭英慧攝）

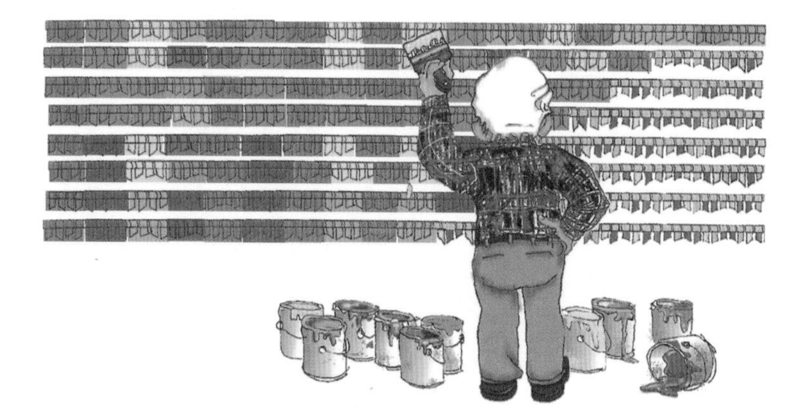

令人愛不釋手的生物學入門書

2002年中時開卷年度十大好書（翻譯類）
1996年美國醫學作家協會圖書首獎

觀念生物學 1

霍格蘭、竇德生　著　李千毅　譯

■定價 400元　■書號 WS036

長久以來，對於可能製造生命的分子，以及生命如何演化成今日瑰麗的各樣形式，一般人所知甚少，《觀念生物學1、2》以聰明、愉悅的方式，揭開了這層面紗。

——華森（James D. Watson），DNA結構發現者

「高高在上」的你和微不足道的細菌，都用著同樣的DNA語言、指揮生命的運作。全世界的甲蟲約有30萬種，儘管它們表面的色澤、花紋、圖樣不同，但都有著頭、胸、腹的基本結構。細菌、玉米、青蛙、大象、人類，多麼不一樣的生物啊，但它們的細胞竟然使用共通的「能量貨幣」！任生物世界再怎樣繽紛，全都在16種生命共通的模式下一視同仁。

探訪微生物的繽紛世界！

★最輕鬆易讀的微生物學入門書

★全書收錄200餘幅精采照片與插圖

微生物學的世界

張碧芬、袁紹英、游呈祥　著

■定價 700元　■書號 BW1301

911後聲名大噪的炭疽桿菌、令人聞之色變的SARS病毒、可以釀酒做麵包的酵母菌，都是我們熟悉的微生物。但是微生物到底有多小？包含了哪些種類？與日常生活又有何關係？在21世紀全球科技主流的生物科技中，微生物又扮演什麼角色？想知道答案嗎？請你翻開本書，與我們一同打開這扇進入微生物世界的大門吧！

微生物包含了細菌、病毒、真菌、藻類、原生動物五大類，它們雖然體積小到連肉眼都看不見，卻跟人類的生活密不可分。本書以生動的筆法，勾勒出五大微生物的樣貌與特色，並針對相關的熱門生物科技與生活應用，深入淺出的加以介紹。

瘟疫危機總動員！

2004年金石堂2月份強力推薦書
《紐約時報》非文學類暢銷書
《*USA TODAY*》Top books of 2002

吳成文、何美鄉、張上淳、陳建仁、葉金川、劉鴻文、顏慕庸　推薦

試管中的惡魔 — 瘟疫、瘟役、瘟意

普雷斯頓 著　楊玉齡 譯

■定價 330元　**■書號** CS087

SARS未滅絕，禽流感又肆虐……瘟疫與人的糾葛，再度浮上台面。《試管中的惡魔》這本書帶您深入危機四伏的第四級生物管制實驗室，從911之後的美國炭疽信恐怖攻擊事件切入，回溯1960、70年代世界衛生組織根除天花（殺死最多人類的傳染病）的經過。節奏緊湊、故事動人，猶如一部精彩的電影。令人震顫的是，原來《試管中的惡魔》幾乎預示了SARS等種種疫情風暴的進程。

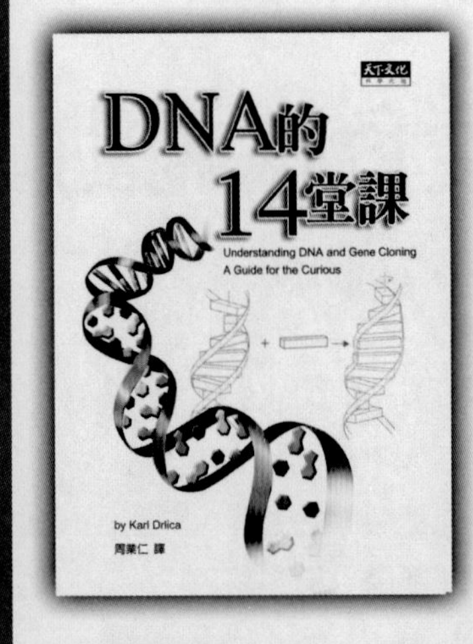

讓你一次搞懂 生物科技的原理

複製羊、基因改造大豆、臍帶血……
與DNA有什麼關係？
答案就在這門精采的DNA課程中。

DNA的14堂課

德利卡 著　周業仁 譯

■定價 330元　■書號 WS041

DNA已不再是陌生的科學名詞，新聞中不是常可聽到「DNA比對」？親子關係的鑑定、刑案現場的證據、甚至罹難者的身分確認，都要靠DNA比對。然而，DNA能做的不僅於此。

生物學正經歷一場知識大爆炸，而且很快會影響到你我每一個人。這場知識爆炸的核心，是發現了DNA的結構、發現DNA如何儲存與傳遞遺傳資訊、以及細胞如何使用這些資訊。

本書詳盡解釋當前的生物學革命中所牽涉到的基礎原理，從科學知識到應用科技，所有關於DNA的分子生物學、各式各樣的DNA操作技術、人類遺傳學在基因療法的應用、以及人類基因組計畫等等，這些全在本書裡。

最有趣的環境科學入門書！

本書獲Amazon網站所有讀者五顆星好評

看漫畫，學環保

高尼克、奧華特　著　陳瑞清　譯

■定價 300元 ■書號 WS049

四處蔓延的傳染病，竟成了我們最大的恐懼！瘟疫究竟是怎麼爆發的？

政府規定大家做資源回收、購物自備環保袋，不少人覺得不方便。但是你可能從沒想過，每天製造出來的垃圾都到哪兒去了？

日常生活中，許許多多與環境、生態有關的話題，常常在耳邊迴盪。我們知道環保很重要，卻不明白為什麼要那樣做環保。

環保絕不是魯莽無知的行動，環保必須以智識為基礎。這一本最有趣、最有價值的環境科學入門書，可以為所有的大人與小孩，深入淺出的介紹生態與環保知識，解答關於環境的種種疑問。

打開《看漫畫，學環保》，就打開了環保的新希望！

最動人的保育宣言與行動方案

2002年《Discover》雜誌評選20大最佳科學書
2002年 Amazon 網路書店評鑑50大好書
第二屆吳大猷科普著作獎譯作類金籤獎

生物圈的未來

威爾森 著 楊玉齡 譯

■定價 320元 ■書號 CS077X

本書是當代最具影響力的科學家之一、生物多樣性之父威爾森的最新著作。威爾森以寫給梭羅的一封信為開端，揭露出全球自然界所面臨的危機。全書文字優美，情意真摯，娓娓道出人為活動造成的生態破壞與物種滅絕、人類與生物圈之間相互依存的關係、以及拯救地球的重要性。

針對眼前的生態環境危機，威爾森也根據過去二十年來的保育經驗，提出可行的解決之道。因此，目前的問題不再是該不該拯救生物，而是如何擷取既有的成功經驗，為生物圈、以及全人類找尋新出路。如何兼顧保育與發展，邁向永續的未來，本書提供了最佳解答。

國家圖書館出版品預行編目資料

觀念生物學／尼達姆（Cynthia Needham）等著；李千毅譯.
——第一版．——台北市：天下遠見出版；2005[民94]
面；　公分. --（科學天地；71-72）
譯自：Intimate Strangers: Unseen Life on Earth

ISBN 986-417-449-5（第3冊：平裝）
ISBN 986-417-450-9（第4冊：平裝）

1. 微生物- 通俗作品

369　　　　94002396

觀念生物學(3)

循環・網絡・複雜

原　　著／尼達姆、霍格蘭、麥克佛森、竇德生
譯　　者／李千毅
顧 問 群／林　和、牟中原、李國偉、周成功
系列主編／林榮崧
責任編輯／黃佩俐
美術編輯／黃淑英
封面設計／江儀玲

出版者／天下遠見出版股份有限公司
創辦人／高希均、王力行
遠見・天下文化・事業群　董事長／高希均
事業群發行人／CEO／王力行
出版事業部總編輯／王力行
版權部經理／張紫蘭
法律顧問／理律法律事務所陳長文律師　　　著作權顧問／魏啓翔律師
社 址／台北市104松江路93巷1號2樓
讀者服務專線／（02）2662-0012 傳真／（02）2662-0007；2662-0009
電子信箱／cwpc@cwgv.com.tw
直接郵撥帳號／1326703-6號 天下遠見出版股份有限公司

製 版 廠／東豪印刷事業有限公司
印 刷 廠／東海印刷事業股份有限公司
裝 訂 廠／晨捷印製股份有限公司
登 記 證／局版台業字第2517號
總 經 銷／大和書報圖書股份有限公司 電話／（02）8990-2588
出版日期／2005年3月7日第一版
2011年10月25日第一版第23次印行
定　　價／320元
原著書名／Intimate Strangers: Unseen Life on Earth
by Cynthia Needham, Mahlon Hoagland, Kenneth McPherson, and Bert Dodson

ISBN: 986-417-449-5（英文版ISBN: 1-55581-163-9）
書號：WS071

BOOKzone 天下文化書坊　http://www.bookzone.com.tw